U0142906

　　21 世紀是服務業主導的世紀，也是知識管理的時代。經營事業的成敗，與知識、經驗有關。平時經營工作推動的能力，亦須靠平時學習相關的知識，才能在正確的決策下達成公司的營運目標。獲取寶貴的知識，是目前企業不用花較長時間去嘗試錯誤或做一些無謂浪費，就可快速成功的捷徑。本次編著此書的基本理念，主要是匯聚專家的寶貴經驗，編著成學生進入職場前一本實用的教科書，希望讓學生在學校就能習得相關店經理、賣場相關的知識。對於有意學習或經營賣場者，也能省下錯誤嘗試的時間，在研讀本書後即可應用於賣場經營上。

　　本書以實務為主，理論為輔，談管理，也談實務經驗，讓學生知道現代商場的經營與管理。全書共分七篇二十六章，具體的內容為：

- 第一篇　探討有關零售業概論方面，其重點有：零售業意義、業態別、經營管理及發展趨勢與問題。
- 第二篇　探討有關行銷活動方面，其重點有：行銷管理意義、工具及方法。
- 第三篇　探討有關人力資源方面，其重點有：組織設計人才招募與選用教育訓練績效評估。
- 第四篇　探討有關市場定位及開發方面，其重點有：開店策略市場調查及評估商店設計開店準備與管理。
- 第五篇　探討有關商品管理方面，其重點有：商品分類規劃、採購、價格策略、商品陳列。
- 第六篇　探討有關店舖營運管理方面，其重點有：業績管理、財務管理、店舖安全管理、存貨管理。
- 第七篇　探討有關經營實務方面，其重點有：虛擬商店、量販店營運企劃。

　　本書中從科學管理中的產(產品)、銷(行銷)、人(人力發展)、財(財務)及等幾大構面針對零售店的經營管理做說明,帶領讀者深入了解零售店如何評估商圈及消費者特性,進而經營出成功的商店。在行銷的方面則介紹有關商品引進、進貨和淘汰的流程,並帶出透過哪些陳列技巧,可以讓商品更加成功打動顧客的購買欲望。銷售數據的管理,可以有效地調整零售業的經營狀況,故本書中也引用許多業界常用的銷售分析工具及適當的對策,讓讀者更能掌握銷售數據的管理。隨著零售業經營不斷的進步,如何在最短的時間內讓一個新人能快速上手,是本書編者的企圖心之一;至於零售業要如何永續經營,則是企圖心之二。

　　一個好的零售賣場要兼具實用、美感與創意;一個好的管理者,要為企業創造價值,且能永續經營,本書分層分段的說明,讓學生易讀、易解,期盼本書的出版,能提供給學子正確的理論論述及實務參考,並盼學界先進不吝惠予指教。

林正修

編著者　王明元　謹識

王全斌

2009 年 2 月 23 日

Chapter 1
零售業的意義

在我們日常生活中，食、衣、住、行、育、樂所需要的各項商品，都可以在各種商店購得，即使商店的形式不一，有大規模的百貨公司、超級市場、批發倉庫、大賣場、購物中心、便利商店，也有無店舖的販賣，但透過這些通路，由生產商製造出來的商品，得以分配到消費者或使用者手中。生產商，包括農、林、漁、牧、礦等一級產業，也涵蓋了製造加工業的二級產業，甚至擴及三級產業的服務業。今日，生產商已不再是為自給自足而生產，而是為市場的不同需求而實施分工專業生產。

什麼是綜合零售業？依據行政院主計處2001年頒訂之第七版「中華民國行業標準分類」，將零售業定義為：「凡從事以零售商品為主要業務之公司行號，如百貨公司、零售店、攤販、加油站、消費合作社等均屬之。」由此可知，零售業是指銷售貨品以及服務給予最終消費者的商店，而零售業所販售的內容則從農業產品

本章內容

第一節　零售商

第二節　零售業特質與功能

到工業產品，甚至服務等任何商品均包含在內。

　　零售管理之定義，依據丁逸豪 (1982 年) 之看法，零售管理統指各種能夠增加產品及附加價值的商業活動，並引導產品及服務銷售給消費者，提供有形的商品或無形的服務，以供個人或家庭消費之用。零售是指一層層提升產品或服務之附加價值的活動。

　　大量生產的商品必須靠大量銷售，才能維持生產商的生存。商品由生產商分配到各地使用者或消費者手中，中間商則扮演著媒介的功能。中間商因角色之不同，可分為批發、零售商。

第一節　零售商

一、零售商的意義

　　零售商是指將商品售予最終消費者的商人，他們在商品由生產商流通到消費者或使用者的分配過程中，通常扮演最後一環的角色。零售商在整個供應鏈中所扮演的角色如圖 1-1 所示，最主要就是從供應商 (製造者或代理商) 選擇消費者需求的商品來提供販售，而其中所提供的商品可分為有形商品或無形商品的型式。

圖 1-1

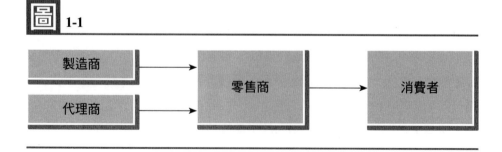

二、零售業意義

零售業是指從事零售工作的商業組織，此種組織或以獨資、合夥或公司組織型態出現；可能是獨立商店經營，也可能是連鎖經營方式。零售業雖然是以最終消費者或使用者為對象銷售商品，但有時也從事批發工作。

第二節　零售業特質與功能

零售業的行銷範圍主要是在消費者居住生活的消費地，將製造業經由批發業送來的商品，一方面售予消費者提供最大的滿足，另一方面則讓商品有效的流通。零售業和顧客的接觸原則，通常是透過引誘型的店舖銷售來進行。也就是說，居住在零售業所在地域內或是當地的上班族、學生，他們以「被動的姿態」受店舖所吸引，而進入店內作消費。故「引誘能力」是零售業營業的基礎，這種零售業經營的特質，不但突顯店舖地點的重要性，還可創造出引誘顧客的「店舖魅力」。零售業的商品業務包括：計畫→採購→庫存→銷售，這四個計畫不停地循環。

由上可知，地點條件是零售業經營的重要根本，也是每一個零售業者都應有的認知。通常零售業經營所具備的機能，包含了商品選擇機能、物品種類構成機能、庫存維持機能，還有價格設定機能。

零售業具有其特殊性質，其主要特質如下：

1. 以現金交易為主

零售業經營的特點，在於消費者均以現金交易為主，較少有賒帳狀況，最多採信用卡交易方式，很少有倒帳風險。

2. 商品種類多

零售業一般所供應的商品，除專門店外，一般係以日常生活用品為主，以滿足消費者日常生活所需的商品種類居多。

3. 立地因素重要

由於零售業是以店舖所在附近的顧客為主，為達到直接和消費者接觸，即使零售業本身規模大小有所不同，仍是不離消費者到商店購買的模式。因此商店立地條件、停車設施、交通便利性等，都會影響到消費者的消費意願。

4. 營業時間長

零售業為配合消費者起居作息時間，一般營業時間是由早上六點到晚上十一點，甚至有二十四小時營業。因零售業提供的商品是以生活用品居多，和消費者的日常生活息息相關，所以其營業時間顯得格外漫長，並且不休星期六、日及國定假日，可以說是全年無休。

5. 服務是零售業的附加商品

雖然零售業出售的商品大多是有形的商品，但是消費者在購買過程中，服務人員的態度好壞，足以影響商品銷售的成功與否。尤其零售業負責商品的更換、修理登記等工作，扮演製造商與消費者間資訊溝通及傳遞角色，因此，服務人員的服務態度特別重要。

零售業因直接和消費者接觸，因此在商品銷售活動中具有下列功能：

1. 市場情報提供及收集功能

商品的陳列、展示、說明，提供消費者商品的各項情報，而製造商也透過各地零售業的商品銷售狀況，了解消費者的需求動向、喜好，進而改進或研發商品。

2. 商品開發功能

　　零售業和消費者直接接觸，了解消費者的需求，對商品的進貨選擇有所依循，並身兼商品開發功能，提供消費者所需商品以滿足其需求。

3. 商品分配功能

　　製造商生產的商品，透過零售業運送、儲存、分配到各地消費者手中，零售業負擔運送、儲存、分配的風險。

4. 分裝商品功能

　　零售業是以較低售價大量進貨後，再以散裝出售，以便利消費者，依其需求合理購買消費。

5. 提供購物環境的功能

　　零售業提供場所設施，展示陳列商品，消費者可以做更多選擇、比較及購買，甚至試吃。

6. 商品儲存功能

　　零售業一般須有商品陳列、展示，甚至現貨供應消費者。因此，由生產商購進多量的商品以備銷售，對生產商而言，零售業是商品的易地儲存，分攤製造商所需的儲存空間。

7. 售後服務功能

　　零售業對於消費者購入商品後，提供商品有關知識、情報，乃至修理、維護等售後服務的工作，是消費者與製造商間的緩衝閥。

8. 分擔製造商風險的功能

　　零售業買進商品必須銷售出去才能獲得利潤，因此零售商等於是生產商的夥伴，協助生產商達成銷售的目標。

　　零售業居於製造商與消費者中間，擔任媒介及分配的角色。然而商品由製造商分配到最終消費者之間，其途徑是有多種的，如圖 1-2

圖 1-2　商品配銷方式

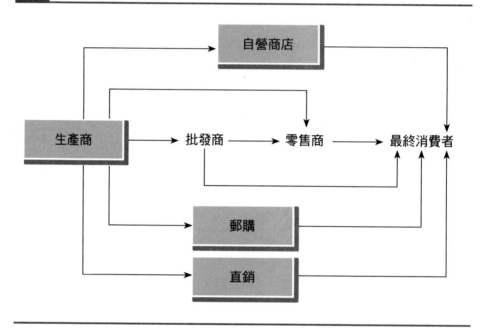

所示。

　　因此，實際從事零售業務者，除零售商以外，製造商、批發商都可能將商品直接出售給最終消費者。

　　「零售」就是一連串提升產品或服務附加價值之企業活動，有些人會以為零售只發生於店內銷售，其實不然，因為零售與服務有著密切的關係，服務內容如：夜間代客泊車、醫生看診、美髮、影帶出租、披薩外送，故並非所有的零售活動均發生於店內。

　　有些公司同時身兼零售商與批發商的雙重角色，他們不但將產品直接銷售給消費者，亦將產品銷售給其他的企業組織。無論如何，零售商在將產品銷售給消費者時，所從事的各項活動及功能，目的皆在

提升產品或服務的附加價值。這些功能包括：

1. 提供多樣化的產品或服務。
2. 分裝成小包裝銷售。
3. 持有存貨以應消費者之需求。
4. 提供服務。[2]

　　零售可以說是一種透過有形或無形的銷售行為，將製造者手上的商品、服務或資訊，經由各種方式或地點，提供給末端消費者而達成交易的一種商業行為。零售業在供應鏈中佔有很重要的地位，它的形成具備了幾項重要的因素：

1. 有形或無形的販售或交換行為。
2. 有形或無形的地點或通路。
3. 有形或無形的產品(包含服務、商品、資訊)。
4. 製造者與末端消費者的橋樑。

Chapter 2
零售業的業態別

第一節　零售業的類型

　　零售業的分類繁多，如依店舖之有無，可分成店舖及無店舖經營；依出售商品屬性，可作一般商品或服務不同的分類；依店舖所有權歸屬，可分為獨立商店、連鎖商店、代理店、經銷店、消費合作社、軍公教福利中心……等；依出售商品種類之不同，可分為百貨商店、雜貨店、服飾店、家具店、五金店、電器店、西藥店……等，分類方法繁多，其間有重疊之處。有時，又依所銷售的商品項目、服務方式或銷售方式來作區分，依據的準則如下：

1. 賣場規模

(1) 大型商店，如百貨公司、量販店等。

(2) 中型商店，如超級市場。

(3) 小型商店，如便利商店、專門店。

2. 服務方式

　(1) 自助式，如量販店、自動販賣機。

　(2) 簡易服務，如超級市場之生鮮部門。

　(3) 專業服務，如專賣店、百貨公司之專櫃。

3. 有無店面

　(1) 有店面型態，如百貨公司、便利商店。

　(2) 無店面型態，如郵購、直銷、網路行銷、電視購物。

　(3) 非店面型態，如自動販賣機。

4. 經營方式

　(1) 獨立式，如自營商店。

　(2) 連鎖式，如連鎖店。

5. 產品線

　(1) 產品線深，如專賣店。

　(2) 產品線廣，如量販店。

6. 經營型態

　如百貨公司、量販店、便利商店、超級市場等。[3]

　　2003 年，中國大陸國家統計局普查中心對其國內零售業態的解釋，認為所謂的零售業態，是指針對特定消費者的特定需要，按照一定的戰略目標，有選擇地運用商品經營結構、店舖位置、店舖規模、店舖型態、價格政策、銷售方式、銷售服務等經營手段，提供銷售和服務的類型化經營型態。零售業態可以分為兩類：一類是按照不同營銷形式劃分的業態，如折扣商店、便利商店、總代理、總經銷、批發兼零售；另一類是按照企業組織型式劃分的業態，如企業集團、超級市場、連鎖店、綜合商店、專門店、倉儲店，以及附設娛樂、餐飲、休閒的購物中心或商業城等。

　　由於零售業主要是透過提供商品以滿足消費者，所以在傳統上，零售業是依照所販賣「商品的種類」的方式，來劃分不同的零售行業，也就是所謂的業種 (Kind of Business)，例如食品店、服飾店、家具店、鐘錶店等等。然而隨著經濟社會的變遷及消費者需求的不斷改變，零售業者必須因應消費者的需求而不斷改變其營業方式，這種現象也就造成了以業種來劃分傳統零售業的方式，在某種程度上已不再適合使用，進而形成以業態 (Type of Operation) 來作分類的標準。

　　零售業態的分類方式，各家有不同的說法，Beckman, Davidson、Talarzyk (1973) 曾提出十種劃分零售業態的方法：

1. 依所有權 (By Ownership of Establishment)。
2. 依所販賣商品 [By Kind of Business (Merchandise Handled)]。
3. 依商店大小 (By Size of Establishment)。
4. 依垂直整合程度 (By Degree of Vertical Integration)。
5. 依與其他企業組織的關聯 (By Type of Relationship with Other Business Organization)。
6. 依與消費者接觸的方法 (By Method of Consumer Contact)。
7. 依立地的型態 (By Type of Location)。
8. 依服務的型態 (By Type of Service Rendered)。
9. 依組織的法定形式 (By Legal Form of Organization)。
10. 依組織管理或作業技術 (By Management Organization or Operational Technique)。

　　依據行政院主計處於 2001 年頒訂第七版「中華民國行業標準分類」的分類架構，我國零售業的細項分類可以區分為依照業種分類的各種零售業，以及以業態分類的綜合商品零售業。其中綜合商品零售業可以再細分為百貨公司業、超級市場業、連鎖式便利商店業、零售

式量販業以及其他綜合商品零售業 (如圖 2-1)。

另外也可依所有權、消費者行為、經營策略來做區分。

 2-1　行政院主計處 (2001) 頒定之行業標準分類零售業細項分類架構

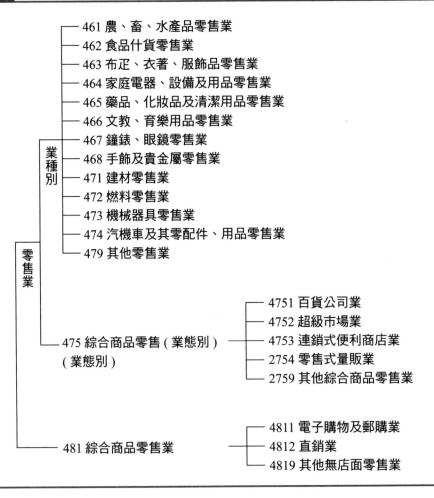

零售業
　業種別
　　461 農、畜、水產品零售業
　　462 食品什貨零售業
　　463 布正、衣著、服飾品零售業
　　464 家庭電器、設備及用品零售業
　　465 藥品、化妝品及清潔用品零售業
　　466 文教、育樂用品零售業
　　467 鐘錶、眼鏡零售業
　　468 手飾及貴金屬零售業
　　471 建材零售業
　　472 燃料零售業
　　473 機械器具零售業
　　474 汽機車及其零配件、用品零售業
　　479 其他零售業

　475 綜合商品零售 (業態別)
　(業態別)
　　4751 百貨公司業
　　4752 超級市場業
　　4753 連鎖式便利商店業
　　2754 零售式量販業
　　2759 其他綜合商品零售業

　481 綜合商品零售業
　　4811 電子購物及郵購業
　　4812 直銷業
　　4819 其他無店面零售業

1. 依所有權劃分
   (1) 獨立商店

      此種商店通常規模小，由業主自行經營，緊鄰社區，商品種類
      有限，主要以日常便利品、選購品為主。

   (2) 連鎖商店

      此種商店基於集中採購、降低成本、統一宣傳、擴大行銷據點
      而設立。即使是有連鎖分店或加盟分店之不同，其營業額、商
      店數量均隨著商業的繁榮而與日俱增。

   (3) 代理店

      生產商與零售商之間，以合約方式規範商品的銷售權利。代理
      店須賦予授權廠商權利金，並不得違約經銷其他商品，而代理
      店則獲得廠商銷售的保障權利。代理店並不實際擁有商品的權
      利，只是由商品銷售中，獲得傭金收入。

   (4) 經銷店

      零售商以進貨方式，實際擁有產品的所有權，故可藉大量進貨
      享受數量折扣，再以低價銷售賺取商品銷售的利潤。通常零售
      店可同時經銷多種廠牌的同系列產品。

   (5) 消費合作社

      是以會員為銷售對象的商店，其資本所有權為法人。

   (6) 生產商直營

      生產商在各地開設直營店或承租百貨公司的部門，並成立專
      櫃，以出售公司自家商品。

2. 依消費者接觸之有無作分類
   (1) 有店舖，如在固定店舖內進行商品陳列、展示、銷售。
   (2) 無店舖，如郵購商店、人員推銷、自動販賣機等，均為無店舖
      經營。

3. 依經營策略區分

(1) 便利商店

這類商店以銷售日常食品為主，如乳製品、飲料、西點麵包、菸、酒、罐頭及冷凍食品等，應有盡有，所以設店地點位置適中，營業時間長。

(2) 雜貨店

這類商店以銷售價格低的日常用品為主，如食品、衛生用品、文具、糖果、玩具、乾貨、電器製品等，其金額較小，又採自助服務居多。

(3) 專門店

這類商店通常專門銷售同一商品，如女裝、童裝、音響、電器、寶石、藥材、鞋子、建材、五金、家具等。專門店比較重視店面裝潢及商品陳列，又具有專業知識，對於消費者往往提供比較完善的服務。

(4) 百貨公司

為大型零售業，通常位於商業中心。在其龐大的建築物之內劃分了許多部門，出售的商品種類繁多，有寶石、服飾、文具、玩具、鐘錶、家具、電化製品等。銷售人員是最重要的銷售利器，其商品銷售主要是透過銷售人員的解說與推介完成，因此在售價方面，往往較一般商店的商品為高。當然在店面裝潢、商品陳列、廣告宣傳、售後服務等，都是銷售的訴求重點。為滿足消費者一次購足的心理，一般百貨公司均設有超級市場，供應南北雜貨、生鮮及各種水果等。

(5) 超級市場

超級市場也是一種大型零售業。一般的超級市場所販售的商品多以食品、生鮮、日用品為主，數量、種類雖多，但實際上都

比百貨公司來得少。同時其經營方式是採自助服務，理貨人員也只作商品的補充而已，因此售貨人員相對地減少。但因超級市場也是標榜一次購足的口號，所以在商品的種類方面，通常是數以萬計的。

(6) 批發倉庫

雖然以批發為名，但仍經營零售業務。此類商店較不講究華麗裝潢，而以實用為主，通常會利用發售會員卡方式來管制消費者進入。其經營方式，除了商品以一定數量(箱、盒)為一定包裝，消費者不得分罐、分瓶購買之外，其規模和超市經營並無多大的差異，大賣場即屬此例。

第二節　零售業的通路

現階段台灣零售業大致可分為實體通路及虛擬通路兩大類型。實體通路又可分為便利店、量販店、購物中心、專賣店、百貨公司、超市。

一、實體通路

1. 便利店

(1) 販售便利性商品。

(2) 提供代收繳費，訂票等服務。

(3) 商品選擇性不高。

(4) 小包裝商品。

(5) 商品價格較高。

主要特色：在產品、服務上滿足顧客的便利性。

2. 量販店

　(1) 販售日常生活用品。

　(2) 大包裝商品。

　(3) 賣場面積大、通常大於 1000 坪。

　(4) 採自助式服務。

　主要特色：滿足一次購足並達到以量制價的目標。

3. 購物中心

　結合休閒娛樂餐飲購物。

　(1) 重視購物、娛樂、餐飲之複合式功能。

　(2) 以主力商店來垂直與水平導引遊客購物人潮。

　(3) 滿足「一次購足」、「整日購物」之需求。

　(4) 以各項活動之規劃來創造購物人潮。

　(5) 著重商品之穿透力，創造差異性。

　主要特色：兼具購物休閒娛樂功能。

4. 專賣店 (品類殺手)

　具備大型量販店的規模，主推單一特性訴求，品項多元豐富的商品。

　主要特色：商品專業，充分具備深度和廣度。

5. 百貨公司

　(1) 統一規劃過的賣場，定期舉辦各種行銷活動，與賣場內的商家專櫃共存共榮，提供一次購足的消費服務。

　(2) 提供足夠的停車空間。

　(3) 提供較高的服務水準及商品。

　主要特色：專櫃的品牌力、高品質的商品。

6. 超市

　坪數大約在 200 至 500 坪之間，其商品除了餅乾、罐頭、飲料、泡

麵、麵包等外，還售有日用品、衛生紙、清潔用品與生鮮食品。主
要功能是提供鄉鎮民眾能在同一地點內，購得其生活上所需的不同
物品。

主要特色：生鮮蔬果產品來源、價格、鮮度。

二、虛擬通路

1. 網路購物

2. 電視購物

3. 型錄郵購

4. 廣播電台

其他有關業態的定義及特徵則有[4]：

1. 箱型店 (Box Store)

   (1) 賣場面積約 200 坪。

   (2) 採割箱販賣，以加工食品為主。

   (3) 品項低於 1500 種。

   (4) 裝潢簡陋，服務少。

   (5) 營業時間短。

   (6) 商品售價比超市低。

   (7) 每種品項僅有一種品牌與規格，自有品牌 (PB) 佔一半以上。

2. 專門店 (Specialty Store)

   (1) 產品線窄而深。

   (2) 注重店面裝潢。

   (3) 商品需專業說明，服務佳。

3. 種類殺手店 (Category Killer Store)

   (1) 產品線比專門店更深。

(2) 價格更便宜 (Every Item Low Price)。

(3) 貨品不齊，無法一次購足。

4. 型錄展示店 (Catalog Showroom)

(1) 賣場有 1/3 作為展示室，其餘作為倉庫用，空間利用率高。

(2) 顧客從展示室的商品或型錄商品選購，再至倉庫取貨，減少失竊率。

(3) 不販賣流行性商品。

(4) 型錄可當廣告單派發。

5. 折扣店 (Discount Store)

(1) 商品結構與百貨公司類似，主要販賣名牌商品。

(2) 自助式販賣。

(3) 以耐久消費財為主，如旅行皮包、服飾。

(4) 售價低於市價。

6. 工廠直營店 (Factory Outlet)

(1) 由廠商自營零售，確保通路。

(2) 販賣工廠存貨、被取消的訂單貨品或非規格品。

(3) 售價低。

(4) 常集合眾多工廠直營店而成一購物中心或商店街。

(5) 日本亦有天線商店與實驗商店，以測試消費者對商品的反應。

7. 購物會員制 (Buying Club, Membership Warehouse Club)

(1) 會員逐年繳納會費方能進入賣場購物。

(2) 店址位於郊區，地價便宜、佔地廣。

(3) 裝潢簡單，沒有廣告，賣場及倉庫，以堆高機作業。

(4) 商品售價低，為批發價，最低購買量為大宗。

(5) 現金交易，增加業者利息收入與資金周轉能力。

(6) 無購物袋，採自助式服務。

8. 跳蚤市場 (Flea Market)

(1) 非長時間在固定場所，例如市集。

(2) 商品未組織化。

(3) 品質參差不齊，價位低。

(4) 已漸轉型為展售會或博覽會。

第三節　直效行銷

隨著零售環境不斷的演變，新型態的零售業態——直效行銷 (Direct-response Marketing)，也隨之誕生。

直效行銷可定義如下：「不透過行銷媒體或零售店，而是以直接客戶 (Consumer Direct；CD) 管道直接提供商品或服務，這些管道包括：直接郵寄目錄、電話行銷、電視購物、攤位 (無人銷售點) (Kiosks)、網路及行動設備 (如手機、網路)。

直效行銷的好處有很多，例如：直效行銷可免除交通壅塞、停車問題、結帳排隊等等，都成為刺激消費者在家購物的原因。網路、e-mail、行動電話、傳真機的成長，也讓產品選擇及訂購更容易加速直效行銷的發展。

直效行銷帶給買賣雙方許多的好處。就消費者的部分，可以享受在家購物的樂趣，也可以在線上多方比價。就賣方而言，可以更確切地鎖定特定的消費族群。

直效行銷的模式大約有幾種類型：

1. 直接郵件 (Direct Delivery)

直效行銷包含寄報價單、活動預告、提醒物或其他給個人的各種資

訊，寄出的物件包含：信件、傳單、錄音帶、錄影帶、CD、電腦光碟。

2. 電話行銷 (Telephone Order)

電話行銷有以下兩種基本型態：

(1) Inbound Telemarketing：接聽顧客打進來的電話。

(2) Outbound Telemarketing：主動打電話給客戶。

3. 電視購物 (TV Order)

商品或服務透過電視頻道，由主持人來說明其特色及功能，或請代言人來做見證，以鼓吹消費者 call in 訂購商品。

4. 票亭式行銷 (Kiosk)

在一種小規模的建物或構造體內安裝銷售或資訊的設施，例如：新聞站、補充站、手錶及珠寶的銷售。另一種形式是與電腦連結的販賣機，如北美航空 check in 票亭、麥當勞點餐機、音樂下載販售；例如最近便利商店盛行觸控式電腦提供信用卡點數兌換商品，以及遊樂場及電影院票券的銷售，都是一種創新的零售行為。

美國零售業經營策略如表 2-1 所示；美國主要零售業態分類如圖 2-2 所示，台灣連鎖店經營型態分類如表 2-2 所示。

表 2-1　美國主要零售業態行銷策略組合

	地點立地	商品		價格	促銷媒體	服務
		商品線	主要商品			
1. C.V.S.	近鄰型	• 寬度：中等 • 深度：淺 • 品質中等	牛奶、麵包、三明治、菸酒、飲料、報紙、雜誌、休閒食品	中等以上	適度	好
2. Conventional SM	近鄰型	• 寬度：廣 • 深度：長	生鮮食品、牛奶、飲料、一般食品、休閒食品、日常用品	競爭性	大量使用報紙傳單，折價券、自助式服務	一般性
3. Combination Store	社區購物中心或獨立點	• 寬度：廣 • 深度：長 • 品質中等	比傳統超市多增加非食品	競爭性	大量使用報紙傳單，折價券、自助式服務	一般性
4. Super Store	社區購物中心或獨立點	• 寬度：很廣 • 深度：很長 • 品質中等	比傳統超市多增加非食品	競爭性	大量使用報紙傳單，折價券、自助式服務	一般性
5. Box Store	近鄰型	• 寬度：短 • 深度：淺	不易腐敗商品，NB 商品少	很低，比超市低 20~30%	很少	少
6. Warehouse Store	工業型	• 寬度：中等 • 深度：淺	不易腐敗商品，NB 商品少	很低	很少	少
7. Specialty Store	商業區或購物中心	• 寬度：短 • 深度：長 • 品質高	集中販賣某一商品（如服飾、玩具、家具）	從競爭性到中等以上	使用陳列或密集人力銷售	一般性~極佳

表 2-1　美國主要零售業態行銷策略組合（續）

	地點立地	商品		價格	促銷媒體	服務
		商品線	主要商品			
8. Category Store	商業區或購物中心	·寬度：短 ·深度：長 ·品質高	比專門店規模大、品項更多	很低比一般低30% 以上		
9. Variety Store	商業區或購物中心、獨立點	·寬度：很廣 ·深度：長 ·品質中下等	文具、禮品、女性飾品、健康美容器材、玩具、廚具……	中等	大量使用報紙媒體、自助式服務	比一般少~一般佳
10. Department Store	商業區或購物中心	·寬度：很廣 ·深度：很長 ·品質中等上	服飾、家用品、家電、化妝品、傢俱、食品	中等以上	大量使用廣告型錄、DM人員推銷	好~極佳
11. Full-line Discount Store	商業區或購物中心、獨立點	·寬度：很廣 ·深度：很長 ·品質中等	服飾、家用品、家電、健康美容器材、文具、玩具、珠寶、運動器材	競爭性	大量使用報紙、媒體、價格導向	比一般少~一般佳
12. Catalog Showroom	商業區或購物中心、獨立點	·寬度：廣 ·深度：長 ·品質中等上	珠寶、電器、家用品、禮品、手錶	競爭性	大量使用型錄、很少廣告、自助式服務	比一般少
13. Off-price Chain	商業區或購物中心、獨立點	·寬度：中等 ·深度：長 ·品質中等上	服飾、鞋類、化妝品、廚具	低，比百貨公司便宜40~50%	使用報紙媒體、不廣告品牌、人力銷售少	比一般少

表 2-1　美國主要零售業態行銷策略組合（續）

地點立地	商品		價格	促銷媒體	服務
	商品線	主要商品			
14. Factory Outlet	商業區購物中心、獨立點	・寬度：中等 ・深度：淺 ・貨源不定	服飾、鞋類	很低	很少促銷、自動式服務	很少
15. Buying Club	偏僻地帶折扣廣場	・寬度：中等 ・深度：淺 ・貨源不定	電器、廚具、服飾、輪胎、食品、雜貨	很低	很少促銷、偶爾使用DM	很少
16. Flea Market	獨立點跑馬場停車場	・寬度：廣 ・深度：淺 ・品質差異大	服飾、化妝品、手錶、電器、家用品、禮品、古董	很低	限制促銷、自助式服務	很少
17. Vending Machine	工廠、辦公室、學校、餐廳、旅館、車站	・寬度：短 ・深度：淺	冷熱飲、食品、香菸、保險單	中等	無	非常少
18. Direct Selling		・寬度：短 ・深度：淺	化妝品、家用品、日用品、報紙、雜誌、健康食品	中等以上	完全人力銷售	好~極佳
19. Direct Marketing		・寬度：中等 ・深度：淺	禮品、服飾、雜誌、唱片/CD、運動器材、家庭飾品	中等	DM、TV、CATV、radio、報紙	一般性

資料來源：中華民國連鎖發展年鑑，經濟部商業司，頁 738

圖 2-2　美國主要零售業態

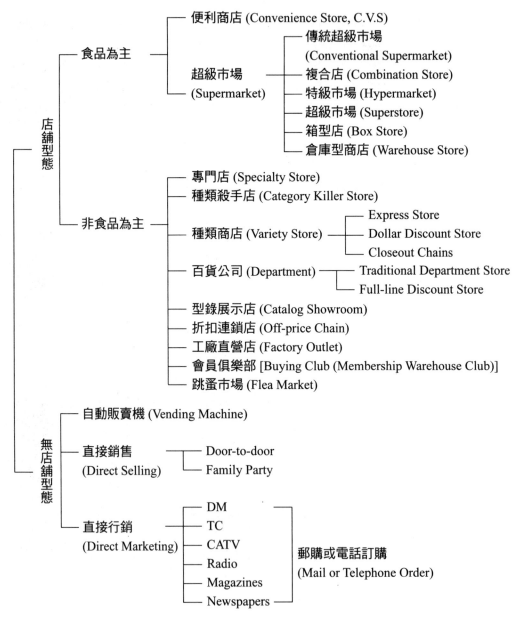

便利商店 (Convenience Store, C.V.S)

食品為主
　超級市場 (Supermarket)
　　傳統超級市場 (Conventional Supermarket)
　　複合店 (Combination Store)
　　特級市場 (Hypermarket)
　　超級市場 (Superstore)
　　箱型店 (Box Store)
　　倉庫型商店 (Warehouse Store)

店舖型態

非食品為主
　專門店 (Specialty Store)
　種類殺手店 (Category Killer Store)
　種類商店 (Variety Store)
　　Express Store
　　Dollar Discount Store
　　Closeout Chains
　百貨公司 (Department)
　　Traditional Department Store
　　Full-line Discount Store
　型錄展示店 (Catalog Showroom)
　折扣連鎖店 (Off-price Chain)
　工廠直營店 (Factory Outlet)
　會員俱樂部 [Buying Club (Membership Warehouse Club)]
　跳蚤市場 (Flea Market)

無店舖型態

自動販賣機 (Vending Machine)

直接銷售 (Direct Selling)
　Door-to-door
　Family Party

直接行銷 (Direct Marketing)
　DM
　TC
　CATV
　Radio
　Magazines
　Newspapers
郵購或電話訂購 (Mail or Telephone Order)

資料來源：中華民國連鎖店發展年鑑 (1994)，經濟部商業司，頁 737.

表 2-2　台灣連鎖店經營型態分類表

項目	直營連鎖	連鎖加盟特許經營	連鎖加盟委託加盟
英文名稱	Regular Chain(RC)	Franchise Chain	Cooperate Chain
定義	各分店經營權歸屬於連鎖總部，連鎖總部擁有指導、掌控、統合三種力量，對分店擁有絕對控制力。連鎖店的各項制度、標準化作業程序、店外表陳設、色系都由總部制定、設計。各分店接受連鎖總部嚴密督導，連鎖組織體系內分店各項活動皆由總部統一指揮。	特許權經營型態連鎖店總公司對加盟店給予特許經營權利，總公司提供有形資產和無形資產行業的經營管理Know-How、技術、教育訓練給加盟者，連鎖總部對加盟者有較強約束力，總部收取權利金和分一些加盟者利潤，同時也分擔部分費用。	基本上直營連鎖精神和委託加盟一樣，差別在於資金是由連鎖總部出資，再委託內部員工，或外部人員來經營，成果共享。
開店資金	連鎖總部出資	加盟者自理	連鎖總部出資
原創者	製造商、批發商、零售商、服務技術創新者	製造商、批發商、零售商、服務技術創新者	製造商、批發商、零售商、服務技術創新者
門市經營主權	總公司	加盟主	加盟主
總公司控制力	強	強	強
成立主因	1. 製造商、批發商、零售商經營規模發展，逐漸擴大後的必然結果。 2. 製造商為了控制行銷通路及獲取經營利益，因而向下游整合，擴增店數。 3. 擁有服務技術創新者為獲取更大市場規模、利益，乃增加服務店點。	1,2,3 同左 4. 擁有服務技術創新者減輕總公司負擔，即取得更大市場佔有率。 5. 以擁有特殊技術、專利權業者較多。	為解決目前人力不足問題及鼓勵員工內部創業，減少員工流動率。

表 2-2　台灣連鎖店經營型態分類表（續）

項目	直營連鎖	連鎖加盟特許經營	連鎖加盟委託加盟
優點	1. 具有統一形象，容易藉由店的擴展加深顧客對公司印象。 2. 具有採購優勢，容易增加經營效益、減輕共同費用。 3. 可控制進貨廠商，形成通路優勢。 4. 所有權與經營權集中，容易發揮經濟規模效益，即有高效率的管理制度。 5. 可結合批發及零售功能。 6. 連鎖總部握有指導、掌控、統合力量，容易發揮連鎖優勢。	1,2,3,4,5,6 同左 7. 加盟店承受經營壓力較輕。 8. 連鎖總部負擔較輕的人力成本，風險較低。 9. 降低營運成本。 10. 快速展店。	1,2,3,4,5,6 同左 7. 加盟店承受經營壓力較輕。 8. 連鎖總部負擔較輕的人力成本，風險較低。 9. 降低營運成本。 10. 快速展店。 11. 彼此有合作默契，不必再花費許多教育訓練費用。
缺點	1. 投資金額大，且隨店擴增，需要更多資金。 2. 風險高。 3. 經營成本高。	1. 沒有健全 Know-How，容易解體，加盟店也不樂意支付權利金。 2. 強制力不夠，容易起糾紛。 3. 對加盟者要求素質難以達到一致性。 4. 加盟者經營理念不一。	1. 合適人員不易尋找。 2. 對受委託者要求素質，難以達到一致性。

資料來源：1994 中華民國連鎖店發展年鑑，經濟部商業司，1995,6, 頁 346。

Chapter 3
零售業的經營管理

零售業巨人也會倒！2002 年 1 月，美國第三大連鎖大賣場 K-Mart 公司宣布破產，成為美國史上申請破產的最大零售業者。

大約在 103 年前，K 公司的前身便已出現，1977 年正式更名為 K-Mart，之後成功締造了擁有二千多家連鎖商場的王國。1990 年，營業額高達 323 億美元，僅次於 Wal-Mart 的 326 億美元，排名全美第二。然而，這個老王國後來卻被後生晚輩 Wal-Mart 公司及 Target 公司夾擊，不僅拱手交出了寶座，近幾年的落後幅度更形加大。最後，在競爭對手事業蒸蒸日上，W 公司甚至名列前美第二大企業的同時，K 公司卻因缺乏競爭力而面臨了破產的窘境。

相同的日常用品，為什麼 K 公司賣不過 W 公司和 T 公司呢？

日前許多媒體在分析 K 公司失敗的原因時，都給予一個共同的答案：在顧客有了更多選擇的時候，K 公司沒有找到適合的定位，以

致被更創新的競爭對手瓜分了客源。

　　與 W 公司交鋒，K 公司無法比它低價。K 公司剛成立時，店中每樣物品的售價都只有五分至一角美元，低價策略奏效，吸引了許多藍領階級。然而 K 公司這項法寶卻被 W 公司所採用，並且加以發揚光大，如今成為 K 公司再也攻不破的銅牆鐵壁。

　　W 公司的軸心策略是，天天維持一貫的低價，並且以更新的科技、更有效率的運作，最後成為業界的龍頭，其規模財力將 K 公司遠拋在後。在科技更新方面，K 公司老式的存貨配銷系統，使得賣場的貨架上只有 86% 的時間存貨充足。消費者百尋不到的東西，店員都以「缺貨」回答，造成好不容易吸引顧客上門，後來又把他們推出門外，並且留下壞印象的惡性循環。相較之下，W 公司的系統卻能立刻補充貨物，貨架上的存貨隨時都很充足。此外，W 公司所需的產品數量多，有跟供應商議價的空間。這種種因素都說明了為什麼 W 公司的售價，平均可以比 K 公司低 3.8%。

　　與 T 百貨廝殺，K 公司又跟不上它的流行。90 年初，T 公司決定不在價格上角力，反而把公司定位於販賣流行商品，但又比一般百貨公司便宜，走出了高格調大賣場的新路。T 公司不僅引進知名品牌，並且開發自營品牌，例如，聘請義大利設計師針對大賣場的消費族群，設計流行的平價商品。K 公司也想如法炮製，但是為時已晚，已經追不上 T 公司了。

第一節　經營管理的重要性

　　零售業的經營管理充滿多變的因素，就大環境而言，政治環境、社會環境、經濟環境、科技環境，都是造成零售業在經營管理上的影

圖 3-1

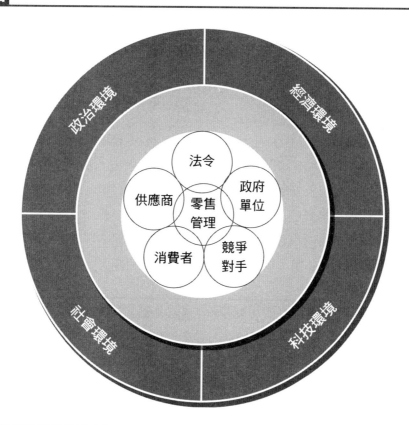

響變數。而在這些影響變數下，還包含法令、供應商、消費者、政府
單位、競爭對手等影響因素 (如圖 3-1)。

　　以 K 公司而言，在其經營管理上就面臨競爭對手與科技環境變
化，以及對供應商談判條件所帶來的衝擊，以至於喪失競爭力。如何
在變革的環境中做有效的經營管理，確實是零售業的一大挑戰。

一、管理具備哪些功能？

　　本世紀早期裡，法國的實業家亨利・費堯 (Henri Fayol) 在其著作裡，揭示了所有的經理人應執行五項管理功能：規劃、組織、任用、領導及控制。以下將針對其中的四項基本功能 (規劃、組織、領導及控制) 予以精簡地定義。

1. 規劃

如果你不知道該何去何從時，那麼只要順著任何一條出線的道路前進，依然能到達目的。組織存在的意義是為了達成某項目標，因此必須要有人界定其目標以及訂出完成此一目標的手段，這些工作就統稱為規劃。「規劃的功能」包括：界定組織的目標、設立一套達成這些目標的全盤策略，並發展出一組完整的層級性計畫來整合協調屬下的活動，以便有效順利完成組織目標。

2. 組織

在達成組織目標時，有許多工作必須徹底執行，執行這些工作的人如何組合起來，賦予權限，並課以責任，這種設計組織架構即是經理人的責任。換言之，組織是經理人依據各人不同的工作職務，分派到不同的部門，以便共同完成使命。組織的功能包含：決定有哪些工作該做？由誰去做？如何分工？工作結果向誰報告？由哪裡做決策？

3. 領導

每個組織都由人員組成，管理的工作就是去指揮協調這些人員，讓工作有效率地執行。這種工作就稱為「領導」功能，通常包括在適當時刻激勵部屬、指揮其他人員的活動、選定最有效能的溝通管道、解決成員與成員之間的衝突、設法克服成員拒絕改變的惰性等。

4. 控制

經理人最後扮演的功能是「控制」。雖然目標已設定、計畫已擬定、組織結構已調整、人員也已雇用，並經過訓練與激勵，還是有些地方可能出差錯。為了確定凡事均按計畫進行，經理人必須去監督組織的績效。以實際績效和早已設定的目標績效為例，兩者相較，如果有嚴重的差異時，經理人得設法使組織再度步入正軌。此一監督、比較、矯正的一連串工作就是控制的功能。[5]

以功能別的角度來談零售業的經營管理，則可以區分為商流管理、物流管理、金流管理、人力管理。

1. 商流管理

主要的經營管理活動包括：零售業態的定位、商店的開發、商業流程的規劃設計及執行，及商品的引進及淘汰等活動。

2. 物流管理

主要的經營管理活動包括：物流中心的選擇及規劃，其中涵蓋訂單作業、進貨作業、倉儲及揀貨與配送等相關活動。

3. 金流管理

主要的經營管理活動包括：現金的收支管理、財務分析及操作、資金的調度管理。

4. 資訊流管理

主要的經營管理活動包括：銷售點情報系統、後端 ERP (Enterprise Resource Planning；ERP)、B2B (Business-to-business；B2B) 或 B2C (Business-to-consumer；B2C) 的交易平台管理及運用。

5. 人力流管理

主要的經營管理活動包括：人力資源的選才、育才、留才、用才等作業規劃，以及因應法令規範的公司體制建立。

二、零售業的經營策略

以策略面的角度檢視零售業的經營管理，則可以分為幾個步驟：

1. 企業策略思考 (Strategy)

   零售業經營策略的思考大致可涵蓋幾個構面：價格、利潤、服務、產品、行銷。在策略的引導下，才能展開相關的計畫及對策。

2. 企業目標消費群 (Target)

   定義零售經營的目標客群的消費習性、族群特性、年齡、性別等特質，以作為提供產品服務或行銷等活動的依據。

3. 企業的定位 (Position)

   從顧客、產品、通路等角度來思考企業的市場或產品的定位，讓消費大眾很清楚地認定企業在零售市場的角色定位 (如圖 3-2)。

 3-2

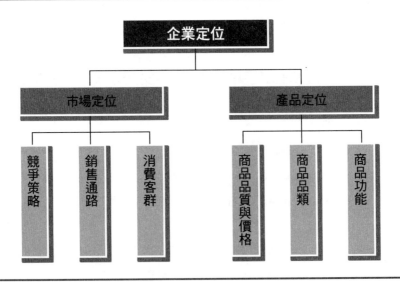

第二節　零售業經營

　　法律的規範會影響企業的經營管理模式，台灣零售業管理面臨哪些法律面的問題？大致而言，依不同的管理層面會面對不同的法令規範，如下：

1. 供應鏈管理的層面：有公平交易法多層次傳銷管理法的規範。
2. 消費者的層面：消費者保護法。
3. 人力資源管理層面：勞動基準法、勞工保險、全民健康保險、兩性工作平等法……。
4. 商品管理層面：商標法、專利法、食品衛生管理法、化妝品衛生管理條例……。
5. 賣場管理層面：著作權法、建築法、消防法。例如：零售通路商依建築法第 77 條規定：
   (1) 建築物所有權人、使用人應維護建築物合法使用與其構造及設備安全。
   (2) 直轄市、縣 (市)(局) 主管建築機關對於建築物的使用，得隨時派員檢查其有關公共安全與公共衛生之構造與設備。
   (3) 供公眾使用之建築物，應由建築物所有權人、使用人定期委託中央主管建築機關認可之專業機構或人員檢查簽證，其檢查簽證結果應向當地主管建築機關申報。非供公眾使用之建築物，經內政部認定有必要時亦同。
   (4) 前項檢查簽證結果，主管建築機關得隨時派員或定期會同各有關機關複查，且必須定期主動申報公共安全檢查，以合乎法令規定。

　　要檢視零售業經營能力強弱與否，可由幾個角度來做觀察：

1. 經營者的經營管理理念及能力

如果經營者缺乏正面的經營管理理念，也沒有很清楚的策略及想法，那麼將使所有的投入都變成泡沫，好比一艘船沒有頭腦清楚的領航員，就會一直在大海中迷航。

2. 組織及員工戰鬥力

一個分工權責不明確的組織，必定無法發揮團隊的力量，而且會造成內耗內鬥的狀況；員工如果缺乏向心力，不知為誰、為何而戰，就根本談不上經營發展了。

3. 營運能力

包括優秀的人力資源、充沛的資金、良好的產品或通路，強而有力的研發或開發能力以及有效的行銷能力，都是奠定零售經營管理成功的基礎。

4. 明確的經營計畫

一個零售企業如果沒有完整的年度預算、計畫，想到什麼就做什麼，往往無法做有效的計畫追蹤。

　　一般零售業在經營管理面常犯的幾種錯誤：

1. 不清楚自己事業的定位。
2. 沒有擬定行銷計畫。
3. 被假象蒙蔽。
4. 欠缺備用現金或現金流量不足。
5. 缺乏數據觀念。
6. 沒有電腦的自動化。
7. 不了解顧客的心理。
8. 忽略員工。

雖然「他山之石，值得借鏡」，但絕不是一味地仿效。有些零售業者喜歡盲目地跟風，完全沒有對市場進行正確的評估和挑選。例如看到蛋塔銷售流行就立即投入；網購流行時，則一窩蜂地跟進，連本身基本的策略都不甚明確。到底在市場中與競爭對手的區隔何在？要賣什麼商品才賺錢？連顧客是誰都不清楚，更遑論行銷計畫要如何展開。這種經營方式就叫做燒錢的零售經營管理。

另外，對數據觀念的薄弱及被假象的蒙蔽、不了解顧客的消費心理，更是零售業經營失敗的致命傷。最常看到的是舉辦了一堆抽獎活動，業績是成長了，經營者還以為是行銷活動的成功；但事實的真相卻是消費者是為了買低價品而來店消費，所以業績的成長是一種假象，淨利的衰退卻是事實。而失敗的行銷活動，卻讓無知的零售業經營者誤認是成功可用的行銷手法。

Chapter 4
零售業的發展趨勢及問題

由於國民所得的增加，刺激了購買力的欲望，因為對於商品的需求日增，加上生產力提高，國人勞動時間縮短、普遍重視休閒活動，使得扮演商品分配角色功能的零售業，其業務是蒸蒸日上。零售業結合購物、休閒，成為國人休閒處所之一。而交通工具普及，土地利用趨於飽和，使得店舖地點設置時，更須考慮消費者停車設施。此外，婦女參與勞動的比率增加，職業婦女較沒有時間購物，一次購足的心理，導致零售業更蓬勃發展。

第一節 零售業的發展

根據手風琴理論 (The Retail According)，我們可以看出零售業發展的歷程。手風琴理論是以商品組合的改變來說明業態的演變，隨著時間的推展，業態的商品組合幅度會一寬一窄

的發展，如圖 4-1 所示，就如同手風琴之高低音般，其過程為：[6]

1. 零售業發展初期，以販賣多種商品組合的雜貨店為主。
2. 消費者對品質要求愈高，業態經營需要對商品具更專業知識，商品組合也更趨於業種店，進而轉為專門店之業態。
3. 將各專門店的商品結合在一起，並擴大賣場規模，因而形成百貨公司業態。
4. 百貨公司為提供更專業之商品且賣場夠大，再轉型為大型專賣店。
5. 由於大型專賣店商品組合廣度不夠，無法滿足消費者單次購足或單日購物需求，於是再經轉變產生大型購物中心。

在大陸國家統計局普查中心「2003 年中國零售業經營方式多樣化現狀分析與趨勢預測」的報告中，指出零售業經歷了三次革命性變化。第一次以百貨商店的誕生為標誌，法國在 1852 年出現首家百貨

圖 4-1 手風琴理論的零售業態演變過程例示

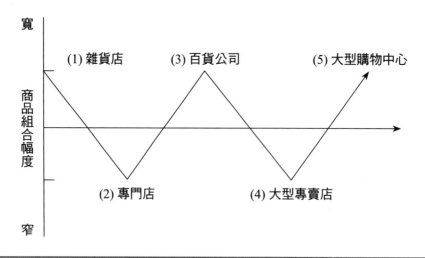

店，標誌著零售業已從過去分散的、單一經營的商店，發展為綜合經營各類商品的百貨商店；第二次以 20 世紀 30 年代興起的超級市場為標誌，它透過大量銷售體制和自我服務方式，創造出深受消費者歡迎的薄利多銷新業態；第三次以 20 世紀 50 年代連鎖經營的廣泛發展為標誌。近年來又出現了倉儲式商店、專賣店、折扣店、步行商業街、購物中心等零售新業態。

綜觀西方零售業態的發展，可以看出其發展變化的趨勢：從簡單到複雜、由低級到高級、從單體到複合體、由單純買賣到多功能化。

由零售生命週期理論可知，零售業態就像產品一樣，也經過導入、成長、成熟和衰退階段；而且隨著市場與科技的不斷發展，零售生命週期也在不斷縮短。根據有關專家預測，世界零售生命之週期由過去的 100 年縮短到 30 至 40 年，進入 20 世紀 90 年代，則縮短為 10 至 15 年。

零售業不斷地蓬勃發展，觀其發展的趨勢主要有幾項：

1. **朝向大型化的發展**

   零售業的規模，並不是非大規模經營不可，小型店舖仍有其經營發展空間。但是一次購足的心理，在大型零售店裡較易得到滿足。因此，在食品、日用品方面，大型零售店的發展，尤其是購物中心的型態將成為趨勢。

2. **多元化服務的經營模式**

   零售業除了提供豐富的商品，讓消費者可以在一家店舖裡就能滿足其各項欲望，還提供更多元的服務，例如票券、壽險等銷售服務。

3. **經營朝向連鎖化**

   朝連鎖化發展，不僅可透過集中採購、降低成本以提高經營績

效，還能有效而快速地在消費者的認知中建立良好的形象。

4. 國際化

經濟快速發展，使得國外人投資本國的零售業，或是國人投資海外地區的零售業，都是與日俱增。不管引進外國資金、經營技術或管理人才等，跨國合作、投資，未來仍會持續發展。

5. 無店鋪經營繼續成長

商品目錄店、自動販賣機、人員直銷、郵購、網路購物等業態仍會持續發展。尤其有線電視合法化，透過電視媒體展示商品，消費者以電話訂貨、網際網路下訂單，經由專人送貨或郵寄貨品方式完成交易，也是目前非常熱絡的營運方式。

6. 商品管理系統化

新型的百貨公司、超級市場，其商品種類都在二～三萬種以上，對於商品的進貨、銷貨、存貨等問題，都必須隨時掌握，以便適時、適價地供應給消費者。甚至於商品的開發，也須投入大量人力、物力，才能掌握消費者的需求。

7. 新型零售業態異軍突起

超級市場、連鎖店、專賣店等新型零售業態迅速成長，顯示出強大的生命力；便利商店、倉儲式商場、廉價商店、郵購、電視購物、電子商務等業態也相繼登場，零售業呈現出多樣化的發展態勢。

8. 科技的運用將更深化

零售業傳統型進銷存系統會因應競爭環境的需求，而更加深度地發展，如運用無線射頻技術、B2B、B2C 的電子商務平台、wireless 系統等更先進的高科技系統，以強化競爭力。

9. 經營績效的提升

零售業的經營仍須投入各項成本，因此各項投入與產出之間的關

係，如經營績效高低，就應加以重視。對於其他如物品管理、人員素質及販賣能力的提升，也不能有所忽視。

10. 企業化經營

傳統式經營的零售店存有許多缺失，如：商品陳列雜亂無章、零星分散進貨、進貨廠商多、賣場光線不足、動線不明、商品積壓庫存多等。但在現代化的便利商店、超級市場、百貨公司裡，則是由專人負責，舉凡採購、進貨、庫存、銷售、理貨、收款等都是採取分工專業的經營組織，大家各司其職，分工合作，有計畫地進貨、銷貨，是現代化的企業經營。

第二節　零售業經營問題

零售業在經營環境瞬息萬變的今天，雖然因應不同的環境變化，百貨公司、量販店、大賣場、超級市場、專門店、便利商店等都會面臨相同的經營問題。其內容如下：

1. 成本的膨脹

零售業即使採用電腦化作業系統，但部分作業，如賣場管理，仍需大量的人力。今日各企業不僅面臨人力缺乏的問題，相關的人事費用也在不斷增加；除此之外，行銷成本以及回饋社會所需的社會成本，也是以往所不及。

2. 土地取得困難

零售業大型化更需大量土地，在都市寸土寸金的情況下，土地取得困難，除非往郊區發展，這說明了店址決定的困難。尤其因應商圈的擴大，已由機車、巴士為主的交通工具，改為自用車為主，其停

車場地的取得困難，也是大型零售業經營上面臨的困難。

3. **競爭激烈**

零售業不僅需考慮來自相同商圈同業的競爭威脅，同時也需要考慮其他類型零售業的競爭。如何吸引人潮、引起顧客的注意，進而激發顧客的消費欲望，滿足其消費欲望，將是競爭中生存的不二法則。

4. **顧客意識行動的變化**

消費型態，不管是重視物質，追求更多滿足；抑或是重視精神，努力於知識、技術的學習；或者重視物質、時間，追求效率、方便、省時、有用的功能；還是重視精神、空間感受，追求情緒上的滿足、價值感有無的舒適生活，消費者都將有各種不同的發展結果，如果：(1) 朝向理性消費發展，將特別重視商品的品質、機能、價格；(2) 朝向感性消費發展，則講究商品的設計、品牌、外觀、顏色、便利性等；(3) 朝向感動消費發展，主要在於追求消費時的滿足與否，從消費中獲得喜悅。因而顧客滿意度——商品品質、價格、服務，將是未來一項銷售的指標。

5. **消費者主義更受重視**

消費者權利的保護愈來愈普及，不僅消費者為爭取自己應有的權利，而組成各種團體；政府機構也為落實消費者的保護，而尋求立法實施。由於消費者重視商品品質的提升以及價格的公平水平，長期下來，對於企業建立合理的經營環境，將會更有催化作用及幫助。

第一篇　習題

第一章

1. 何謂零售業？

2. 零售業具有哪些特性？

3. 零售業在行銷活動中具有哪些功能？

第二章

1. 零售商店如果依所有權劃分，可分為哪幾種類型商店？

2. 零售商店如果依經營策略區分，可分為哪幾種類型商店？

3. 何謂直效行銷？直效行銷有哪幾種類型？

第三章

1. 管理具備哪四項功能？

2. 以功能別角度而言，零售業經營管理可分為哪五個項目？

3. 零售業在經營管理面常犯的錯誤有哪些？

第四章

1. 零售業發展呈現哪些趨勢？

2. 零售業發展面臨哪些問題？

3. 從零售業的發展趨勢中觀察，你認為有哪些商機？

第一篇 註解

註 1. 現代零售管理新論 / 胡政源著 / 新文京開發出版有限公司

註 2. 現代商業管理 - 零售管理 /Levy Weitz 原著 / 高立圖書有限公司

註 3. 流通系統 / 簡正儒，蔡惠華著 / 高立圖書有限公司

註 4. 流通系統 / 簡正儒，蔡惠華著 / 高立圖書有限公司，頁 52~53

註 5. 管理概論 /Stephen. P. Robbins, 李茂興譯 / 曉園出版社

註 6. 流通系統 / 簡正儒，蔡惠華著 / 高立圖書有限公司，頁 77

行銷活動

Chapter 5
零售業的行銷管理

行銷是一種社會過程，藉此過程，個人和團體經由創造及交易彼此的產品與價值，而獲得各人所需。此行銷定義包括下列的核心觀念：需要 (Needs)、欲望 (Wants) 和需求 (Demands)、產品 (Product)、價值和滿足 (Value and Satisfaction)；交易和交換 (Exchange and Transactions)、市場 (Markets)、及行銷和行銷者 (Marketing and Marketers)。行銷的核心觀念，如圖 5-1 所示。

本章內容

 5-1　行銷的核心觀念

需要、欲望和需求 → 產品 → 價值和滿足 → 交易和交換 → 市場和行銷者

第一節　行銷和行銷管理的關係

一、行銷定義

行銷的定義依據美國行銷協會 (American Marketing Association；AMA) 在 1985 年所公佈的定義是「為滿足個人或組織目的創造出來商品、服務交換所必須的通路、販促、訂價及概念的計畫和執行的過程」。也就是針對消費者需求的商品或服務，創造設計相關的產品，並透過溝通資訊的傳達，讓消費者認同此一商品或服務，以滿足其原先的需求，進而產生交易或交換的行為。

就提供商品或服務的生產者角色而言，必須觀察及了解消費者要的是什麼、消費者願意付出多少代價來進行交易或交換、透過何種管道或方法，才能讓消費者充分了解認識所提供的商品或服務。因此在零售業經營管理中，行銷就是一種供給與需求的媒合，或許也可以說是一種交換的行為。

供給者透過商品的提供，來滿足或創造需求者未被滿足或新的欲望或需求的過程，我們稱之為行銷。行銷過程中至少包括買方及賣方、兩者間產品、服務及資訊的流動，如圖 5-2 所示。

 圖 5-2　簡易的行銷系統

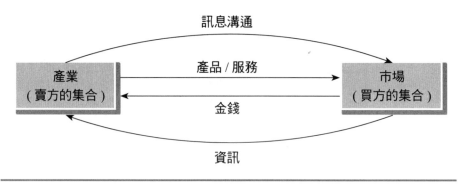

在零售市場中所謂的商品可以是有形的，也可以是無形的，因此實體的產品、無形的知識、服務、授權、保險都可稱之為商品。

構成零售市場行銷的幾個要素，涵蓋了行銷者、消費者、欲望及需求、零售市場 (包含實體或虛擬通路)、行銷活動及交易或交換的行為。

例如，手機的行銷市場，手機業者 (行銷者) 不斷地推陳出新，不論是外觀的創新、功能的增加，或結合 PDA、相機等多元的功能 (找尋或開發消費者的欲望及需求)，透過實體通路如：3C 賣場或通訊行為，虛擬通路如網路或直銷的方式，以舉辦搭配門號優惠或手機兌換券等行銷活動，來促使消費者產生購買的交易行為，這樣的過程就是一種行銷的模式。

二、行銷管理的定義

行銷管理係指行銷方案的分析、計畫、執行與控制，設計這些方案在目標市場來創造、建立與維持有利的交易與關係，其目的是為了達成組織的目標。

行銷的組織通常包括行銷企劃人員、推廣人員、市場調查人員、產品經理及客服人員，透過市場調查、分析，制定行銷策略，依公司所擁有的資源來作行銷計畫，最後由推廣人員在目標市場執行既定的方案以期達到預定的目標。

通常公司之行銷規劃及管理程序，乃由行銷與策略中有關策略行銷規劃之觀念開始，逐步發展為公司事業部的專業經營使命，進而透過內外部環境的分析，掌握有效的目標市場，並確立事業行銷目標。確立目標市場及行銷目標後，應配合公司的資源、條件、優劣勢分析，發展出有利的競爭優勢及行銷策略；在策略的方向指導下，規劃出具體可行之戰術行銷方案——包括產品、定價、通路推廣各種細部

計畫及行銷具體決策。行銷具體行動方案，必須透過行銷組織及整體行銷人員努力執行，對於執行後之成效應進行評估，了解整個行銷規劃，不停地追求企業的永續生存與發展。[3]

第二節　行銷管理的元素

零售業的行銷管理，即是針對目前或未來即將進入的市場進行整體的分析，並著手行銷案的規劃。這樣的規劃可能是針對商品、服務、通路品牌等產品交易或知名度的提升，所作出一連串執行、控制及後續的績效追蹤；因此行銷管理包含了策略計劃管理的程序，以及組織的規劃及運用。

零售業行銷管理策略的擬定及戰術計畫的構思，需掌握四個重要的元素，亦即產品 (Product)、價格 (Price)、通路 (Place)、促銷 (Promotion) 等 4P。

1. 產品 (Product)

產品規劃者在發展一項產品時，必須考慮三個層面。最基本的層面是核心產品，也就是要回答「購買者真正要購買什麼」之問題。每項產品事實上就是一種問題的解決。超級推銷員艾瑪‧惠勒 (Elmer Wheeler) 針對消費者的觀察，提出「消費者需要理論」。她說：「不要賣牛排，要賣那炸牛排時嘶嘶的聲音」。可見行銷者的工作是去發現隱藏在每一產品之後的需要，也就是去銷售「利益」，而不是「特徵」。圖 5-3 顯示核心產品的位置是在產品圖的中心。

產品規劃者必須將核心產品轉變為有形的產品，並且可以提供附加

5-3 產品的三個層面

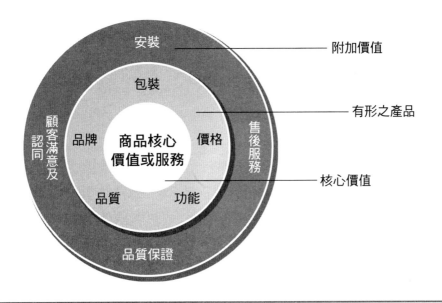

的服務和利益，如此便組成擴大之產品。[4]

以健身器材為例，業者提供給消費者的意念，不只是有形的健身器材商品，而是健康、運動的概念，甚至在父親節或母親節強化購買健身器材，都是一種關心父母健康的行為。

因此我們可以看到許多零售業的經營，通常不會標榜產品，而是將其所要提供的產品或服務，讓消費者產生某種認知，例如將有形的產品如健康概念、或休閒、方便、便宜、美麗、時尚和孝心等，化成消費者意念。

2. 價格 (Price)

價格是行銷組合中唯一產生收益的因素，其他因素所代表的都是成本。但不論設定正確價格的重要性如何，許多公司大都未對定價問

題加以妥善處理。最常犯的錯誤是：

(1) 定價過於「成本導向」，未能充分地考慮需求之強度及顧客心理。

(2) 價格未能針對市場情勢的轉變而經常作修訂。

(3) 在大多數情況下，價格設定時的考慮係獨立於其他行銷組合之外，而非考慮其為市場定位策略的應考慮因素之一。

(4) 對於不同的產品項目及市場區隔，價格的差異並未足以區分其差別。[5]

零售業的行銷管理在價格策略上，通常須考量產品獨特性、競爭對手的定價，及本身經營成本的因素。產品獨特性方面，須視本身所提供的產品，或服務在市場上是否有類似的產品存在或可取代的相關產品。如果在市場上屬於獨家商品或服務，定價策劃就可選擇較高的價格定價策略；在競爭對手的部分則需常作市調，以了解競爭對手相關商品價格變化程度。

經營者需常常修正本身的定價，尤其是同質性非常高的零售業競爭，消費者對價格的敏感度就會特別高。最後就是成本的考量，亦即商品的毛利率 [(零售價－成本)/(零售價)×100%] 是否滿足公司商品毛利政策的要求。

3. 促銷 (Promotion)

促銷亦即促進銷售，為了讓商品或服務能夠激發消費者的購買動機，行銷者通常會以各種不同的型態來作促銷，也有人稱「販促」。促銷常用的手法不外乎廣宣、降價、參與活動、發表會、贈品等來吸引消費者，以便進一步達成交易的目的。為了有效地溝通，各公司會經由廣告代理商製作引人注目的廣告、僱用促銷專家設計銷售激勵分案 (Sales Incentive Programs)，以及透過公關公司來建立公司良好的形象 (Image)。[6] 在零售通路上所採用的促銷方式，

大多是以產品、價格或贈品的誘因來吸引消費者。主要使用的工具從電視媒體、廣播電台、報紙、海報等皆可成為零售業行銷的工具。

4. 通路 (Place)

大多數的廠商都是透過行銷中介單位 (Marketing Intermediaries)，將產品由製造者移轉至消費者手中，介於其間的中介單位即形成所謂的行銷通路 (Marketing Channel)，又可稱之為交易通路或分配通路。巴克林 (Bucklin) 對行銷通路定義如下：

> 分配通路係由一組機構組合而成，他們負責承擔將產品及其所有權由生產者移至消費者手中的所有活動。[7]

零售業所扮演的角色其實就是這裡所指的中介單位，也就是供應商的行銷通路。換言之，零售商的任務就是透過商品的組合、陳列，將供應商的產品推廣到消費者手中。而通路對零售業而言，其意義卻隱含立地條件，亦即如何透過好的立地條件，才能更接近消費者，而達到產品銷售的目的。

在零售業的行銷通路，一般而言可分為實體通路及虛擬通路兩大類，實體通路即有實體店舖作為陳列銷售商品服務之通路，虛擬通路則如網路購物、電視購物、型錄購物等販售方式的通路。

第三節　零售業的行銷管理

一、零售業的行銷管理的 4C

如果以顧客的角度為中心點來思考零售業的行銷管理，則在整個行銷管理活動中，就免不了環繞在 4C 的環境中發展。所謂 4C 就

是顧客 (Customer)、商品 (Commodity)、情報 (Communication)、通路 (Channel)，如圖 5-4。

　　零售業主要提供商品或服務的對象就是顧客，而顧客的需求為何？需要透過何種形式的通路來提供顧客這樣的商品或服務？這些都是零售業在行銷管理上所需面對的課題。在這樣的環境下，也需收集市場及競爭對手的商業情報，才能不斷調整本身的戰術戰略。

二、零售業行銷管理的基本步驟

　　零售業行銷管理的發展主要有下列幾項步驟，如圖 5-5：

 5-4　零售業行銷管理的 4C

圖 5-5　零售業行銷管理的基本步驟

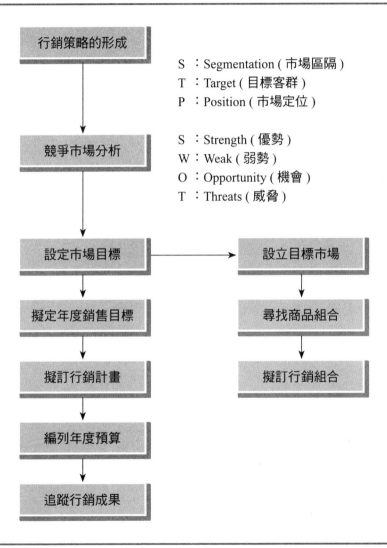

三、零售業行銷管理行銷競爭策略

　　零售業行銷策略的擬定，依其在市場上生命週期所處的不同階段，而有不同的行銷策略，也可視其在行業中的競爭地位而訂定。

1. 零售業依其市場上生命週期 (Product Life Cycle；PLC) 可分為導入期、成長期、成熟期、衰退期，如圖 5-6，各期競爭策略如表 5-1、表 5-2 所示。
2. 零售業依在行業中的競爭地位則可分為市場領導者、挑戰者、跟隨者、利基者。

圖 5-6　生命週期

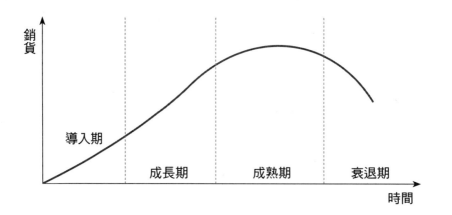

表 5-1　PLC 各階段的特徵與策略

		導入期	成長期	成熟期	衰退期
特徵	銷貨	低	快速成長	最高峰	衰退
	成本（平均每位顧客）	高	平均水準	低	低
	利潤	負	上升	最高	下降
	顧客	創新者	早期採用者	中期大眾	落後者
	競爭者	少	增加中	穩定但已趨減少	減少中
行銷目標		創造產品的認識與試用	追求最大的市場佔有率	追求最大的利潤且保護其市場佔有率	減少支出且搾取品牌的利益
策略	產品	提供基本的產品	擴大產品的特性、服務與保證	品牌與形式的多樣性	逐步撤出弱勢的產品
	價格	成本加成	滲透市場的價格	配合或反擊競爭者的價格	減價
	配銷	選擇性配銷	密集式配銷	更密集式的配銷	剔除不利的通路
	廣告	建立產品的認知	建立大眾市場的認知與興趣	強調品牌的差異與利益	減少支出水準，保持極忠誠顧客
	促銷	大量促銷以吸引試用	稍為減少	增加以鼓勵品牌的轉換	減至最低水準

(資料來源：Philp Kotler，《行銷管理》第五版中譯本，頁 535)

表 5-2　依市場競爭地位定義策略、目標客群

目前競爭地位	競爭策略及目標		策略與行銷
	策略	顧客對象	
市場領導者	搾取定價	開發新客層	強調品牌與信譽
	品牌定價	全方位客層	
市場跟隨者	模仿訂價	鎖定競爭者顧客群	隨機應變、強調商品品質、速度提升
市場挑戰者	商品或服務差異化	鎖定目標顧客群	強調功能與品質，對目標客群促銷
	價格破壞	鎖定競爭者顧客群（與競爭者重複客層）	不同組合特殊促銷活動的商品包裝行銷

第四節　消費者購買行為

一、了解消費者購買行為方式

　　零售業行銷管理主要的對象為消費者，因此對於消費者行為必須深入了解，才能掌握消費者及市場的動態，提供合乎市場需求的產品或服務，規劃出有效的行銷活動，以更貼近消費市場。

　　了解消費者行為常用的有幾種方式：

1. 問卷調查法

　　透過問卷設計，經由抽樣的方式以現場或郵寄式填寫回收後，進行資料萃取分析。不過這種方式往往會因為問卷的設計，及問卷的執行方法，而影響其結果的真實性。

2. 焦點團體訪談方式

由受過專業訓練的人當主持，召集經過篩選的成員組成訪談小組，透過主持人的引導及預設好的相關問題，使受訪小組能深入地參與討論主題。

3. 尾隨觀察法

在現場跟隨消費者，觀察其使用產品或購買時所產生的行為，並加以記錄。

4. 影像記錄法

利用攝影機錄影或以相機記錄消費者在賣場的消費行為，以進行分析的一種觀察方式。

消費者購買行為的發生，通常會出現幾個心理層面的行為。從對商品或服務產生注意，到興趣的發生，進行產生對需求的渴望，由記憶印象中開始採取消費的行動，在完成交易後對產品或服務所產生的滿意感。以上這一連串的行為，我們稱之為顧客購買心理 AIDMAS 法則 (如圖 5-7)。

二、消費者購買決策的過程階段

想要了解消費者行為，必須先清楚消費者在決定消費前有哪些行為發生。當消費者決定購買某一項商品或服務之前，必定會經過幾個步驟，分別是需求的確認、商品資訊的收集、消費方案的決策、消費發生及消費後評估 (如圖 5-8)。

以購屋為例，消費者必定是由於要投資房產或是換住家環境等因素，而產生購買的需求，接下來就會開始找房屋展售中心，或中古屋仲介商，收集房屋銷售的相關資訊。在收集完相關資訊，再依自己所設定的條件如：價格、喜好度、交通方便性、採光等因素，針對幾個

圖 5-7　顧客購買心理 AIDMAS 法則

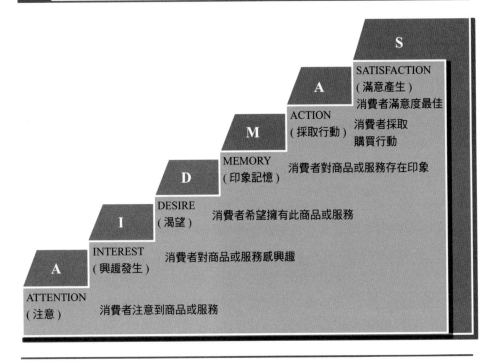

方案來進行評估，最後針對評估的結果決定最終方案，進行購買交易的動作。而在完成交易之後，消費者會對這次購屋的過程及產品開始作購買後評價。

　　零售業的行銷管理是一種動態的管理行為，由於市場、科技及消費者行為不斷的變化，因此零售業所提供的商業或服務也會隨之被淘汰或是推陳出新。在過去的幾年中，我們很明顯發現，在零售業的行銷管理上，許多產品、通路、服務都發生了劇變，例如傳統的相機逐漸被數位相機所取代，相同的軟片商品及沖印店的通路，也因數位化

5-8 消費者購買決策的過程階段

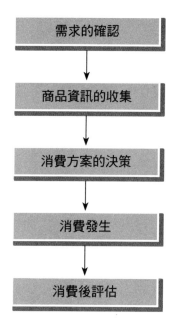

的來臨而逐漸消失。隨著現代人生活的忙碌，自助洗衣店的服務也陸續產生，而為了提供更多元的服務，許多 kiosks 服務也陸續在通路出現。隨著科技的發展，未來許多科技的產品或服務的運用，相信也會成為零售業行銷推廣的一項利器。

Chapter 6
零售業行銷管理的工具及方法

零售業其利潤的來源通常是靠進貨、銷貨等一連串的營業活動所產生，但基本的銷售業績如果不佳，不但無法將商品轉換成現金，以收回成本，甚且會造成存貨而虧損。因此零售業講求靈活行銷手法更是當務之急。

第一節　促銷活動

有關零售業的行銷工具及方法相當的多，一般而言，可分為促銷活動、媒體公關宣傳、店舖道具溝通、網路行銷等四大屬性的類別：

一、促銷活動的分類

促銷活動又可細分為價格的活動、商品活動、顧客參與的活動等類型，常見的活動有下列幾種：

1. 刮刮卡活動

   刮刮卡活動可設計為刮開有獎品或是抵用券(下次消費可抵用)，一方面可刺激消費者提高客單價，一方面也可增加消費者購物後拚運氣的樂趣。不過要注意的是，活動設計最好確實有人刮到獎品，否則會讓顧客有受騙的感覺，而產生負面影響。

2. 抽獎活動

   此類活動最好能分幾次抽獎，較會有吸引力，抽獎時須在公開場合舉行，並邀請具公信力之第三者見證，例如律師，以免出現爭議；而公告得獎名單也須再三核對是否有誤，有關得獎者的權利義務，都須在活動辦法中明確規範。

3. 滿額加購送或滿額送

   這種活動的方式主要在刺激提高客單價，亦即購物滿 XX 元加 X 元就可得到什麼贈品，或是點何類套餐或本日消費多少元就可得免費的贈品。曾經有一食品店，推出購買 2 盒月餅即可得到聲控車玩具一台，結果吸引孩子對該贈品的興趣，因該贈品為獨家上市，市場上是買不到的，所以也造成了月餅銷售一空的熱賣業績。不過要注意的是贈品的誘因，因為這是決定活動成敗的主要關鍵；否則如果活動失敗，就有可能造成贈品庫存一堆。

4. 折價券或送現金

   通常推出的活動都是滿千送百等類型的活動，也就是購物滿 1,000 元就送 100 元的折價券或當場回饋給顧客現金，其實多少有點打 9 折的味道，但最大的差異就是送折價券並不會破壞價格策略；另外折價券通常是下次消費時才能使用，因此會提高促使消費者再度回店的動機。有時餐廳也會推出這樣的手法，來吸引回流的顧客。

   目前因競爭更激烈，有些公司將折價券改成現金，此項辦法對刷

卡購買者效果最佳 (誘因最大)，但有時會造成消費者在無形中債務增加。

折價券的另外一種操作方式則是在店外免費發放，但需限定消費滿 500 元，才能使用本券抵用 50 元，且一次限用一券等遊戲規則，如此才不會引起客訴。這種模式主要多用在新開張的店，作為吸引客戶第一次來店的誘因。

5. 印花優惠

憑海報或截角的印花可享有某些商品的優惠，這種活動主要是希望消費者來購買印花商品時，會順便購買其他商品。所以必須把印花價商品陳列在較內部，以免出現顧客來店裡買了印花商品就走人的現象。

6. 卡友來店禮

如果是有會員管理的零售業，可以在當月某一天辦理憑卡來店就可得 XX 商品，但這種活動最好要控制時段及限量，較不會發生客訴。

7. 免費贈品

通常會辦開店禮、早安禮以吸引人潮，但須控制好現場領贈品的人數。不過這類活動常可看到一些職業拿贈品的熟面孔，因此活動效果值得考慮。

8. 名人簽唱會

許多唱片行最常採用這類活動，他們透過邀請歌手作現場 CD 簽名活動，以提高人氣或商品的銷售量。

9. 表演

這類活動通常是為了聚客、炒熱現場氣氛，常見的有街舞、魔術、歌唱等表演，在 PUB 內也會見到花式調酒等表演；另一種則是產的使用介紹，例如菜刀、果汁機等商品。

10. 新商品發表上市

　　新上市的服務或商品常以海報或廣告的方式，讓消費者得到訊息而前來嘗試。例如便利商店會推出一系列熟食產品以吸引消費者，或是提供宅配服務、代購電影票、遊樂場入場券等服務來提升業績。

11. 降價叫賣

　　這類手法係在店門口以叫賣高價格敏感性商品的方式，來達到聚客的效果。

12. 拉霸兌獎活動

　　這種活動主要是對準消費者喜歡一賭手氣的特性，凡是購物滿 XX 元就可得到一張拉霸卡。此方式一方面可刺激買氣，一方面也可聚集人潮。

13. 贈品的兌換

　　贈品必須具有收集性、獨家、或有誘因特性，才能掀起消費者的風潮，例如麥當勞的 Hello Kitty 玩偶、7-11 的 Kitty 磁鐵等商品。至於滿額多少才能兌換贈品的方式，則需視零售點的產品單價而定。類似這樣的活動，除了讓消費者為了得到特有的贈品消費，進而達到行銷的目的外，更因為風潮的關係也會引起媒體的報導，而達到另一種無形的行銷宣傳。

14. 會員點數價特惠商品

　　有些商店熱中會員購物集點活動，即推出特惠商品，以點數多少點加多少元即可購買 XX 商品。

15. 抵用券下次來店使用

　　通常採用的方式是本次消費滿 XX 元即可獲得抵用券乙張，但限下次使用。不過這種方式最好能限制在最近的使用期限，才能提高顧客回店消費使用的機率。

16. 顧客資料行銷

    凡有會員資料管理的零售通路，即可透過資料庫會員消費記錄的分析，依行銷策略的不同，篩選每次所要行銷的顧客對象，可能是依年齡、職業、居住地、消費累計金額、消費的品類等角度來進行資料篩選。

17. 店內廣播

    通常較適用於中、大型賣場內，透過店內廣播系統來播報一些特價的商品訊息或活動，刺激消費者產生衝動性購買的動機，有時也會推出限時搶購的活動；不過類似的店內廣播頻率最好不要太高，以免影響顧客的消費情緒。

18. 公益活動

    最傳統的公益活動為義賣活動或免費招待公益團體，或是晉用身心障礙人士來作顧客服務，也有推出幾日營業總額的 XX% 捐給公益團體來作行銷活動；例如全國加油站與心路文教基金會合作，晉用心智障礙的朋友從事洗車服務，就得到很多支持消費者的青睞。

19. 公佈成交名單

    將成交客戶的名單以紅紙的方式貼在店頭，可增加新顧客的信心與認同，最常看到的是房屋及汽車銷售商，會在展售中心張貼「恭賀 XXX 先生訂購 A10 戶一棟」的紅紙，甚至有時會配合店內廣播加強氣氛效果。

20. 集點兌換

    主要是透過集點卡蓋章，集完一定的點數後就可兌換贈品或是消費折扣。最常見的是餐飲業，用餐滿多少元即可集 1 點，如此可提升顧客回店消費的頻率。

21. 面紙廣告

　　運用盒裝面紙或是小面紙的外包裝，加上自己的商店或通路的廣告，以免費贈送的方式增加品牌曝光率。

22. 活動贊助

　　透過對活動的贊助來增加本身的知名度，因為參與類似活動的消費者屬性，跟贊助商所提供的商品及服務都有關聯，所以透過贊助活動很容易建立消費者的印象，例如販售青少年商品的零售通路贊助偶像歌手演唱會。

23. 認養公園或團體

　　近年來，愈來愈多的零售通路透過認養公園或運動團體來提高消費者的認同度，例如某知名休閒運動鞋連鎖通路就認養一支棒球隊，甚至店內的促銷活動也會配合比賽成績推出特價。

24. 試吃試飲活動

　　從事食品的零售業通常會以試吃或試飲的活動，來與消費者進行溝通及介紹商品，例如茶葉銷售就常以現泡試飲的方式讓消費者品嚐；有些冷凍食品像炸雞塊、香腸、水餃等，也會以現場烹煮的方式來吸引顧客的購買。

25. 馬上辦送贈品

　　為了鼓勵顧客加入會員或辦理信用卡，而以免費贈品來吸引顧客，只要現場填妥資料就可免費獲得。

26. 組合商品限量商品特賣

　　這種行銷手法乃以商品的變化來吸引顧客，以 A+B 商品或套餐特價 XX 元，或推出限量 XX 組商品售完為止。因不是常態性商品活動，所以容易吸引消費者。

27. 推出公眾人物簽名商品

　　過去常利用歌手或運動明星的簽名照及周邊商品的促銷方式，如

帽子、棒球、衣服、捷運卡等,來引起話題及搶購風潮。

28. 儲值卡活動

儲值卡的活動對於穩定顧客忠誠度是個很有效的活動,國內 7-11 所推出的 i-cash 卡是一個很成功的案例。不過類似的行銷活動需搭配儲值滿 XX 元送 XX 贈品,及以儲值卡消費某些商品可享優惠等不斷的配套措施才會奏效。

29. 離峰時間的優惠

運用離峰時間來提供消費者優惠,除了能讓店內設備提高使用率,也能疏解尖峰時間的擁擠,還能招來一些離峰時段的顧客。最常見的是健身房、KTV、電影院等,都會運用離峰時間的優惠行銷。

30. 顧客參與性活動

讓顧客參與以便更貼近通路,因此可以看到一些玩具專門店會舉辦一些四輪驅車競賽、電玩高手比賽、戰鬥陀螺對決等活動;除了能活絡現場氣氛,也能透過活動來提高買氣。

31. 全面特價、全館 X 折

這類的活動通常一年辦一次,或在季節商品出清時舉辦。因為是常態性活動,所以除了會影響商店形象外,也容易造成消費者價格優惠感覺疲乏而失去作用。另外要注意的是,有些知名廠商商品如未溝通清楚就貿然作特價,廠商為了維持商品市場售價有可能不會出貨,因此往往導致顧客抱怨。

二、媒體公關宣傳

零售業在媒體公關宣傳方面的做法如下述:

1. 活動海報 (DM)

   海報 (DM) 送達顧客手上的方式有郵寄、派報、夾報、街頭發放等方式，要視行銷的需求而異。如為新開幕的商店，最好採用亂槍打鳥式的派報、夾報方式；如是進行主題式行銷，則最好鎖定特定客群採郵寄的方式較妥。

2. 報紙雜誌廣告

   刊登類似的廣告，一般只是讓顧客對通路商形象加深的性質，對實際的消費效果很難評估，所以採這類手法時大部分都會搭配截角特價活動。

3. 電視廣告

   這類行銷活動成本代價非常高，除非是全國性質的連鎖通路，否則效益可能不大。

4. 電台廣告

   廣播電台的廣告通常用在區域型的零售業，有時以直接廣告的方式，有時也會搭配節目以 call in 問答的方式與聽眾互動，達到廣告的效果。

5. 置入性行銷

   這是近幾年十分盛行的行銷手法，利用電視劇劇情內容或背景場景，讓觀眾無意間接觸到產品或服務的通路，以達宣傳效果。

6. 看板廣告

   戶外看板、公車車體看板、捷運車站、車內以平面或電子看板的方式，進行商品、服務或促銷活動的宣傳。

7. 口碑行銷 (WOM)

   透過親朋好友，以口耳相傳的方式達到行銷的目的。近年來電子郵件盛行，口碑行銷也漸由電子郵件轉寄散佈而傳遞。

8. 意見領袖影響

　　邀請知名人士作代言人或合影見證，有時也會請電視台作採訪的節目以強化消費者的認同。

9. Slogan

　　媒體行銷不管透過何種工具管道，很重要的就是需發展出一句大家都能朗朗上口的 Slogan，一提到這句 Slogan 就能讓消費者聯想到是哪一家公司，這樣才能達到真正行銷的目的。例如大家都很熟悉的「您方便的好鄰居 ~7-11」、「全家就是你家」、「天天都便宜，就在家樂福」等，都是很成功的 Slogan。

　　不同的媒體會產生不同的效果，所以要採用何種媒體作為行銷工具，也必須視行銷策略而定 (表 6-1)。

表 6-1　溝通方法的比較

溝通任務	電視	雜誌	報紙	電台	戶外	直接郵寄
引起注意	●	⊙	○	⊗	●	●
掌握商品	●	●	⊙	○	⊗	●
強調品質	⊙	●	⊗	○	●	●
提供資訊	○	●	●	⊙	⊗	●
改變態度	●	⊙	●	○	⊗	●
辨識名稱	⊙	●	○	⊗	●	○
刺激印象	●	⊙	⊗	●	○	●
宣告要項	●	○	●	⊙	⊗	●

●最有效　●較有效　⊙中等有效　○較無效　⊗最無效

三、店舖道具溝通

在實體通路上，也常用一些店舖道具溝通來吸引消費者，並進一步以圖畫、文字或動態影片的方式來與消費者溝通，並傳遞所要提供的商品或服務訊息，以達到行銷的效果。

1. 商店騎樓的關東旗

   騎樓的關東旗具有熱鬧氣氛的效果，很容易吸引過往的行人。但關東旗的缺點是會妨礙交通，所以可能會有被取締的風險。

2. 商店橫招、直招或 T 字招

   商店的招牌就是讓消費者知道你的位置工具，因此招牌不夠明顯或是晚上照明不足，都會喪失招牌應發揮的行銷功能。

3. 商店地板的引導貼紙

   進入店家後，如要促銷某一類商品，有時會設計地板引導貼紙方式，來引導顧客到商品陳列位置。

4. 收銀結帳台雙螢幕

   利用顧客結帳等候的時間，以雙螢幕的收銀機，面對顧客端的螢幕播放促銷活動訊息，一方面可以降低顧客等待時所產生的煩燥，一方面也能達到行銷的效果。

5. 生活提案看板

   以珍珠板製作夏日防曬、開學房間佈置等生活提案，兼採主題式方法介紹消費者相關的知識訊息。例如夏日防曬的主題看板，不僅會提醒不同的膚質所需採用何種係數值的防曬商品資訊，還能提供防曬帽、太陽眼鏡、陽傘等商品訊息，透過這樣的訊息溝通，提高消費者的購買動機。

6. 貨架突出廣告

   在陳列貨品以跳跳卡或突出卡的方式突顯主推的商品，有時會以

商品功能介紹，或以店長推薦的方式來與消費者進行溝通。

7. 貨架試用品

在陳列貨架上擺設試用品，讓消費者自己試用後產生購買動機，通常像香水之類的商店效果最好。

8. 商品 POP

商品 POP 是與消費者溝通的最基本店頭行銷工具，通常是以降價訊息為主，例如「原價 XX 元特價 XX 元，省 XX 元」、「本日特餐只要 XX 元」等都是價格 POP 慣用語言。

POP 就是 Point of Purchase，即在某一時間，某一地點，對某一種商品作特定的廣告。

POP 之製作材料包含紙、鐵、木頭⋯⋯等，材料不拘，千變萬化。POP 在賣場上具有銷售時點的廣告效果，它的內容大多著重在商品的說明及價格上。由此可知，一個好的 POP 等於一位優秀的銷售員。

(1) POP 的內容從哪裡來？

　①商品的說明書。

　②目錄、包裝、標籤。

　③公司特別指定。

　④營業、採購的心得。

　⑤各項廣告、媒體參考。

　⑥自己撰寫。

　⑦參考其他相關書籍。

(2) 由於 POP 具有商品說明、促進銷售、引導顧客、宣傳特定商品及營造氣氛的功能，故對 POP 的管理需特別注意：

　①有助於顧客購物嗎？

　②讓顧客感到便宜嗎？

　　　　③能說明一些重點嗎？

　　　　④能引起大家的興趣嗎？

　　　　⑤有必要設立嗎？大小適合嗎？

　　　　⑥是否切合實際？是否有污損？

　　　　⑦製作是否草率或不良？

　　(3) 好的 POP 需具備以下之準則：

　　　　①文案

　　　　　　a. 簡短有力。

　　　　　　b. 明白、易懂、能引人注意並產生共鳴。

　　　　②色彩

　　　　　　a. 簡單；色彩不必多，以二色最好。

　　　　　　b. 特價數字以紅色標示較為醒目，以吸引目光。

　　　　　　c. 善加運用反白效果。

　　　　③圖片：

　　　　　　張數不求多，以一張最好，過多的張數會令消費者不易找
　　　　　　到重點。

9. 形象貨架

　　以供應商角度，如果自家的商品能透過提供品牌形象貨架集中陳
　　列，也可達到店頭行銷的目的，只是這類作法通常需要另付店家
　　陳列費。

10. 佈置專區

　　因應節令的變化，為了提醒消費者，可將節令的商品集中一區加
　　以佈置陳列，例如：情人節專區陳列巧克力、情人卡、保險套；
　　中秋節則陳列烤肉相關用具。

11. 貨架小電視

　　影音效果通常可吸引消費者的注意力，在陳列架上架設小型電視

播放商品知識及廣告，也是一種店頭行銷的好方式。近年來流行有機蔬果，有些超市就會在商品旁邊播放有機蔬果產地產銷影片吸引顧客。

12. 特別地點廣告物

在實體通路商店中，有許多顧客較容易將目光焦點集中的地方，如果在這些地方張貼一些較醒目的廣宣文案，就很容易達到行銷的效果；例如手扶梯二邊的壁面、電梯壁面、廁所便池前方、公共電話等。

13. 家電產品影音展示

讓消費者直接分辨商品品質，是最直接的店頭溝通方式。例如，電視機商品及音響便是直接在店頭展示，並可讓消費者看到實際影像畫質及聽到音質。

14. 新鮮品質看得到

有些麵包店或餐廳故意將後場廚師或師傅工作的場所，以裝設透明玻璃的方式，讓顧客在外面就可以看得一清二楚。一來可透過這種方式吸引消費者的注意力，二來也可讓消費者清楚看到整個商品的製作過程，進而提高對商品的信心；另外一方面藉由陣陣散發出的香味，也可促使消費者產生購買的動機。

四、網路行銷

電子商務隨著網路的普及，作為虛擬通路的網路行銷在台灣已逐漸成為消費交易活動主流。資策會 2006 年發表調查顯示，購物訂票等網路交易，已從 2005 年網路活動的第十名躍升至第四名；資策會預估，2007 年台灣的電子商務市場將持續成長，可望突破 1,500 億元大關。

資策會針對網友及拜訪廠商兩方式進行網路購物與網友行為調

查，根據網友消費金額及主要網路購物廠商的營收推估，2006年台灣電子商務市場規模可達1,451億元，其中網路購物的市場規模約為935億元，網路拍賣市場規模為516億元；2007年單獨網路購物市場將達1,438億元，成長53.7%，整個電子商務市場可望突然1,500億元(見表6-2)。

根據分析顯示，前三名網路購物熱門品項為：旅遊商品(63%)、票務(7%)及美容保養(6%)；成長幅度最大的產品則為美容保養、服飾精品、3C電子產品。

資策會調查，隨著網路安全環境改善，網友從事網路購物活動也從2005年第十名攀升至第四名；網路競標拍賣活動也從第十一名躍升為第六名；使用搜尋引擎則從第三名晉升至冠軍。

至於台灣網友2006年的整體網路購物金額平均為9,103元，比2005年減少1.4%，其中女性平均網路購物金額為7,504元，男性則為10,880元；網路拍賣的平均交易金額與2005年相當，介於1,000至3,000元之間，其中賣家在網路拍賣市場的年平均收入大幅成長，從2005年的10,225元，至2006年的38,231元，成長幅度為273.8%。

由消費者購物習性調查中，我們可以發現，網路購物的趨勢有逐

表 6-2　台灣電子商務市場規模

年度	2004	2005	2006	2007
網購市場(億元)	389.2	604.8	934.9	1,438
網拍市場(億元)	192.3	319.6	516.1	未預估
(資料來源：資策會MIC)				

步成長的狀況，近年來也有許多廠商透過電子報 (E-DM) 或成立部落格的方式，來達到目標顧客行銷的目的。

　　隨著電子商務不斷地蓬勃發展，商品的交易透過網路的虛擬通路來進行販賣的比例也愈來愈高。網路行銷的優點就是商圈無遠弗屆，但其問題就是如何在眾多的購物網站中讓消費者發現，且網路行銷在金流及物流的處理方面也大大不同於實體通路，因此網路行銷在商品的採購選擇策略就會與實體通路有不同的考量。

第二節　使用行銷活動的方法

　　零售業所使用的行銷工具及方法，可以說非常的多樣化，但只要掌握下列幾個重點，應會有良好的佳績。

1. 如何有效地接觸到目標顧客。

　　許多零售通路的商品推出特價活動並無法讓顧客充分得到訊息，因為通路不知道目標顧客在哪裡，所以只好採取亂槍打鳥的作法──在街上散發海報，如此很容易造成行銷資源的浪費，又不能得到效果。

2. 如何提高顧客的興趣。

　　行銷活動應創新或是有誘因，才能提高顧客興趣，常看到零售通路辦一些老掉牙的活動、贈品，又無法吸引顧客，這都是浪費行銷資源。

3. 活動辦法不要太複雜，行銷的主題要明確。

　　有時候通路的活動太複雜，不只顧客看不懂，連門市服務人員都不是很清楚，如此就很容易造成糾紛，形成反效果。

4. 不要有欺騙顧客的行為。

常看到零售通路舉辦百萬名車或現金贈獎活動，但到底有沒有送出，或由誰領走，公正性常遭到質疑，因為類似這樣的活動，宜由第三者見證並以公開的方式授獎。不能獎品說了一大堆，結果什麼也沒送出。

Chapter 7
零售業行銷活動的執行

第一節　行銷目標

「**促**銷」，廣義而言，乃零售商透過廣告、宣傳、人員推銷和特賣來傳達商品、企業之訊息；換言之，促銷活動包含了公關形象、文化活動及商品計畫促銷活動三大類。促銷可說是零售業主動的推銷方式，每個行銷活動企劃，可以因企業形象的塑造、特別節慶的促銷、換季折扣、特賣或展覽等宣傳方式，來達到吸引人潮之目的，以提高營運績效。

以商品計畫促銷活動而言，很多人一想起商品促銷，就直接說特價，但真正包含的方式卻有好幾種，可依食、衣、住、行、活動節日、季節氣候、社會流行、商品用途、職業需求和年齡等等作為主題，給予顧客建議及建立本身的企業形象。

零售業的行銷活動，基本上還是須從企業

策略展開，由上而下到目標的設定，進而訂定行銷策略；在行銷策略下，才會展開一連串的行銷方案，而每個行銷方案也各有執行計畫及績效追蹤。就在這樣行銷計畫 (Plan) → 行銷執行 (Do) → 行銷績效追蹤 (Check) → 調整行銷方案 (Action)，行銷管理循環不斷地運作下進行，以求達到既定的目標。

　　整個行銷策略到執行計畫，產生的流程如圖 7-1 所示。

一、行銷目標的訂定

　　行銷目標應包含年度及月份、業績及費用預算的部分，而這些數值通常在每年 11 月，便會由公司明年度整體策略計畫衍生下，與其他各部門協商討論而出，有了明確的目標及預算，也才有辦法擬訂出一連串的行銷計畫。

 7-1　行銷策略到執行計畫產生的流程

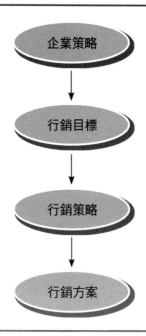

1. 年度月份業績等相關目標

範例

①品類及分店年度業績目標

品類＼分店	S1	S2	S3	S4
A				
B				
C				
Total				

②品類月份業績目標

品類＼月份	1	2	3	4	5	6	7	8	9	10	11	12	Total
A													
B													
C													
Total													

品類成長率及毛利目標

品類	今年實績	明年目標	成長率	毛利目標
A				
B				
C				

④店別業績、來客數、客單價目標

店別	業績	來客數	客單價
S1			
S2			
S3			

2. 行銷活動預算

範例

①行銷活動年度總預算

行銷活動科目	費用預算	佔營業額比例
媒體公關 　報紙 　DM 　電視 　廣播電台 　雜誌		
小計		
促銷 　折價券 　贈品 　活動費		
小計		
市調費用		
合計		

②行銷活動各月份預算

行銷活動科目＼月份	1	2	3	4	5	6	7	8	9	10	11	12	合計
媒體公關 　報紙 　DM 　電視 　廣播電台 　雜誌													
小計													
促銷 　折價券 　贈品 　活動費													
小計													
市調費用													
合計													

第二節　行銷策略方案

一、行銷策略方案計畫擬定及績效追蹤

　　零售業行銷策略方案計畫的擬定及績效追蹤有一定的流程，而每個流程也需有相關的單位部門來協助，如圖 7-2。

 7-2　行銷活動計畫訂定流程及協助單位

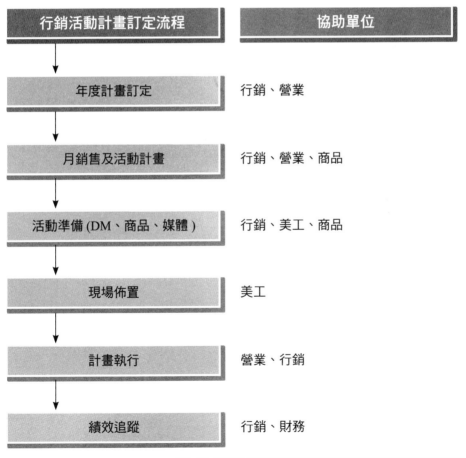

促銷活動的計畫通常會涵蓋幾個大項目：

1. 活動主題。
2. 活動辦法、內容。
3. 活動日期、時間、地點。
4. 活動商品、贈品。
5. 活動目標預算。
6. 活動工具 (媒體)。
7. 活動配合人力。
8. 活動計畫表。

二、促銷活動目的

在制訂促銷活動計畫前，需先考量行銷策略及目標為何，才能擬訂適合的活動。一般而言，促銷活動的目的大致有下列幾項：

1. 提升來客數。
2. 提升業績。
3. 提高客單價。
4. 提高毛利。
5. 提升店舖的形象與知名度。
6. 利用促銷介紹新產品。
7. 提供情報資訊 (如新活動、新服務)。
8. 面對競爭對手的威脅。

在促銷主題完成確認後，於擬訂促銷計畫內容同時，也有一些考量點需列入：

1. 今年和去年相比如何？
2. 今年將有什麼樣的拍賣活動？
3. 今年將有什麼樣的特殊陳列？
4. 今年在哪些時期有哪些類似的新產品進貨？
5. 今年競爭店有幾家？
6. 今年的庫存量如何？
7. 今年的工作人員人力如何？
8. 今年的整體毛利多少？
9. 去年的天氣、氣溫如何？
10. 去年何時有什麼類型的拍賣活動？
11. 去年在賣場上做了特殊陳列嗎？
12. 去年在何時期有新產品進貨？
13. 去年何種商品賣得最好？
14. 去年競爭店有幾家？
15. 去年的庫存量如何？
16. 去年什麼人負責什麼工作？
17. 去年的整體毛利多少？

在活動內容設計上也應特別注意以下事項：

1. 注意商品、價格、美工、人力等力量結合。
2. 不可欺騙顧客。
3. 促銷商品的品質和廣告內容一致。
4. 活動內容辦法是否說明清楚。
5. 活動商品或贈品是否充足。
6. 須全體動員，而不是行銷人員唱獨角戲。

　　活動內容若屬商品活動的企劃，則需掌握節令時機，如表 7-1。

　　商品型活動企劃如果依月份安排，一般來講各月份例行的活動如下：

1 月：春節用品。
2 月：冬貨大出清、出國旅遊用品。
3 月：婦幼節活動、開學用品。
4 月：春節郊遊烤肉。
5 月：母親節活動。
6 月：考前補品。
7 月：暑假涼夏產品、防曬用品。
8 月：中元普渡用品、父親節禮品。
9 月：中秋節禮品、烤肉用具。
10 月：秋季寒食大展、萬聖節用品。

表 7-1　主要活動內容

節令時機	主要活動內容
節令	元旦、春節、情人節、萬聖節、清明節、母親節、端午節、父親節、中秋節、中元節、聖誕節
天氣	泳品、飲料、涼品、水果、防寒用品、健身補品
季節	春：換季商品、旅遊商品
	夏：涼夏產品、開學用品
	秋：換季商品
	冬：禦寒、保健產品

11 月：火鍋食品上市。

12 月：歲末清倉、聖誕節活動。

因節令的不同，各月份的促銷活動所採用的主題也會有所不同，例如：

一月常用的促銷主題：

1. 新春大優待。

2. 年終獎金優惠購物專案。

3. 迎春納福慶新年。

4. 年終回饋，歲末酬賓特賣。

5. 團圓火鍋特輯。

6. 春節尾牙年貨禮品特惠。

範例

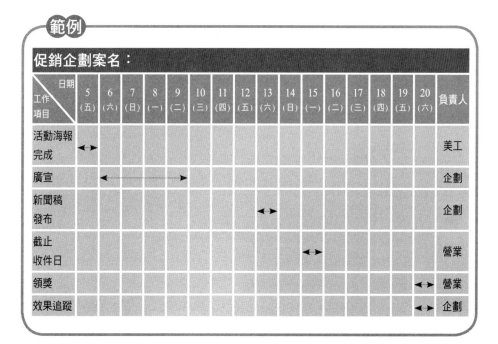

促銷企劃案名：

工作項目 \ 日期	5(五)	6(六)	7(日)	8(一)	9(二)	10(三)	11(四)	12(五)	13(六)	14(日)	15(一)	16(二)	17(三)	18(四)	19(五)	20(六)	負責人
活動海報完成	◄►																美工
廣宣		◄--------►															企劃
新聞稿發布								◄►									企劃
截止收件日										◄►							營業
領獎															◄►		營業
效果追蹤															◄►		企劃

二月常用促銷主題：

1. 歡樂寒假玩具特展。
2. 情人節禮品專區。
3. 吃湯圓慶元宵。

促銷主題及相關活動內容都確認以後，便要訂定執行計畫表。執行計畫表最主要功能就是要列出各工作項目在何時需完成，並明訂由誰負責，如此才能追蹤進度，確保計畫的完成。

第三節　行銷活動效果的評估

行銷企劃活動在執行完成後，應作執行過程及成效的評估，以利日後是否繼續這類活動的依據。這類的評估可分為量化及非量化的評估，而評估的內容則可分為活動前階段、活動中階段及活動後階段。

1. 促銷活動前階段效果評估
    (1) 安排日期恰當否？
    (2) 活動是否太繁雜？
    (3) 促銷商品是否缺貨？
    (4) 陳列是否妥當？
    (5) 前置作業是否都有照進度如期完成？
    (6) 文案及宣傳是否適當？
2. 促銷活動中階段效果評估
    (1) 促銷商品是否足夠？

(2) POP、海報、布條標示張貼？

(3) 贈品的數量是否足夠？

(4) 是否有顧客抱怨？

3. 促銷活動後階段效果評估

(1) 宣傳媒體是否達到預期效果？

(2) 顧客購買特價品與非特價品比例數量分析。

(3) 整體活動投入及產出效益 (即期間別毛利額狀況)。

(4) 業績成長分析。

(5) 商品價格是否恢復原價？

(6) 來客數及客單價分析。

附錄一：行銷企劃提案參考

1. 時間

一般來說是視店舖大小或活動來決定時間長短，但通常母親節的促銷時間都以 15 天為基準，也就是說前 7 天為推廣提醒期，但後 8 天才是真正的介紹購買期。

2. 主題

視活動及商品計畫做考慮，例如：「媽媽我愛您」、「慈母心，天下心」都是屬於常用詞。如要特別一點，就要費點心思多多構想。

3. 媒體計畫

考量以何種媒體宣傳，可選擇單一媒體或多種媒體交叉運作。

(1) 報紙。

(2) 傳單 (大小可分 16 開、8 開、4 開等，顏色則有單色、兩色、

　　　彩色，印刷方式也有快速印刷、平板印刷)。

(3) 電台 (AM/FM)。

(4) 店內播音或錄音帶。

　(5) 氣氛海報或布旗。

　(6) 特價 POP。

　(7) 胸牌或特殊背包衣服。

　(8) 特殊包裝袋或包裝紙。

　(9) 廣告車。

(10) 新聞廣告記事。

4. 商品計畫

　　以主題為基本架構，延伸出商品結構。以母親節而言，可提列保養用品系列、化妝品、皮件、服飾、鞋子、女飾及女用內衣……等商品，作為活動之宣傳商品。

5. 形象建立活動

　　以吸引顧客注目並參加的活動，來提高企業的形象及吸引人潮。例如：親子卡拉 OK、徵畫活動……等。在舉辦活動的同時，可配合活動推出相關商品，以達商品促銷。

附錄二：行銷企劃案參考範例

範例 1　企劃案架構

壹、活動目的：	柒、門市目標設定與獎勵方案：
貳、活動主題：	捌、宣廣計畫：
參、活動時間：	玖、美工布置：
肆、活動地點：	拾、經費預算：
伍、活動構想：	拾壹、執行進度表：
陸、商品促銷：	拾貳、設計印製申請表單：

湯姆熊文具專門店

壹、活動目的：

　　今年湯姆熊即將邁向 10 週年，門市部為迎接這個讓人喜悅的日子，並感謝多年來，支持與愛護湯姆熊的顧客，特別精心策劃週年慶系列活動及特惠商品回饋行動，希望吸引人潮，營造門市歡樂氣氛，迎接未來豐收的一年。

貳、活動主題：

　　湯姆熊百萬有禮行動。

　　「學生情，書味香」——智慧成長系列活動。

參、活動時間：〇月〇日～〇月〇日

肆、活動地點：湯姆熊文具全省 25 家門市

伍、活動構想：

一、福運刮刮樂

1. 活動時間：○月○日 ~ ○月○日

2. 活動主題：百萬刮刮樂慶週年

3. 促銷方式：凡消費滿 300 元即贈送刮刮券乙張。當場刮、馬上中。獎品豐富，通通有獎。

4. 贈品內容：

   (1) 個人電腦加軟體 (價值 8 萬元)……1 名

   (2) 個人電腦 (價值 5 萬元)……2 名

   (3) 折疊式腳踏車 (價值 3000 元)……10 名

   (4) 運動服一套 (價值 1000 元)……30 名

   (5) 運動鞋一雙 (價值 600 元)……50 名

   (6) 乒乓球拍 (價值 220 元)……200 名

   (7) 羽毛球拍 (價值 200 元)……300 名

   (8) 筆記本 100 元抵用券……500 名

   (9) 折價 50 元……600 名

   (10) 運動飲料……2,000 名

   (11) 進口橡皮……5,000 名

   (12) 原子筆……6,000 名

   (13) 書籤……7000 名

   (14) 折價 30 元優惠 (當場刮，下次抵用)……8,000 名

   (15) 折價 20 元優惠 (當場刮，下次抵用)……9,000 名

   (16) 折價 10 元 (當場刮，下次抵用)……10,000 名

5. 刮刮券印製量：8 萬張

6. 贊助廠商：XX 電腦、XX 體育服裝公司、XX 文具公司、XX 腳踏車公司。

7. 美工佈置：POP、吊牌。

8. 請文宣部設計刮刮券及對外招商廣告版位。

9. 請採購人員協助尋找廠商贊助贈品。

二、VIP 回娘家回饋行動

1. 主旨

歷年來，湯姆熊所舉辦 VIP 會員回娘家活動，已受到顧客喜愛與肯定。今年為延續此特色，邀請 VIP 會員回門市，領取限量版筆記本，以回饋 VIP 的支持與愛護。

2. 活動時間：○月○日～○月○日

3. 活動地點：全省 25 家門市。

4. 參加資格：湯姆熊 VIP 卡有效之持有人。

5. 活動內容：活動期間，持 VIP 會員卡到門市服務台，即贈送筆記本乙本，送完為止。

6. 贈品數量：同 VIP 會員數量。

7. 筆記：

(1) VIP 會員可於活動期間，逕至門市服務台領取筆記本。

(2) 領取筆記本時，門市人員需用電腦查詢(是否已領取)後，再做贈送登錄動作。

(3) 請資訊部比照去年電腦登錄方式，設定門市筆記本贈送登錄程式。

(4) 電腦登錄作業無法運作時，先以人工將日期、卡號、姓名、電話等資料記錄下來，等電腦正常運作時再補輸入到電腦。

8. 活動告知方式：

(1) 發票廣告。

(2) 宣傳 DM。

(3) POP 海報

(4) 媒體刊物。

(5) 新聞稿。

三、手工藝 DIY 教學活動

1. 主旨：

目前自己動手作手工藝，一直受到廣大顧客喜愛。特別於賣場規劃系列教學活動，並設手工藝禮品特賣區，提升銷售業績。

2. 活動時間：○月○日～○月○日

3. 活動地點及行程：全省北中南門市同時舉辦，每家店約 5 至 6 場。

4. 活動內容：在門市舉辦緞帶花、絲襪花、毛線帽、紙雕等手工藝教學活動，並現場展出藝術 DIY 創意作品。

5. 活動方式：限定名額，預先報名參加 (每場提供 20 名免費教材)。

6. 配合廠商：採購人員於舉辦前一月提出。

7. 場地佈置：桌椅、桌巾、製作工具、POP、吊牌。

陸、商品促銷：

一、休閒系列書展

1. 活動時間：○月○日～○月○日

2. 促銷方式：休閒系列圖書 8 折。

3. 商品內容：30 種暢銷書。

4. 配合廠商：XX 出版社。

5. 陳列方式：提供正擺架一面展示。

　　6. 美工佈置：POP、吊牌。

二、電腦周邊商品全面 7 折

　　1. 活動時間：○月○日～○月○日

　　2. 促銷方式：慶祝 10 週年慶，特別推出電腦周邊商品全面 7
　　　折回饋大眾。

　　3. 商品內容：滑鼠、鍵盤、電腦圖書、網路線……。

　　4. 陳列方式：規劃平臺陳列。

　　5. 美工佈置：POP、吊牌。

三、工商日誌、年曆特展：

　　1. 活動時間：○月○日～○月○日

　　2. 商品內容：工商日誌、造型年曆……。

　　3. 配合廠商：A 廠、B 廠、C 廠

　　4. 陳列方式：文具區平臺陳列。

　　5. 美工佈置：POP、吊牌。

四、手工藝 DIY 特賣：

　　1. 活動時間：○月○日～○月○日

　　2. 促銷方式：配合教學活動，集中陳列手工藝商品特賣。

　　3. 配合廠商：E 廠、C 廠

　　4. 美工佈置：POP、吊牌。

五、CD 特賣：

　　1. 活動時間：○月○日～○月○日

　　2. 活動方式：CD 單品特賣回饋。天使之音、海之詩系列特價
　　　299 元，益智卡帶 12 卷，每卷 35 元。

　　3. 美工佈置：POP、吊牌。

六、精美相本特賣：

　　1. 活動時間：○月○日～○月○日

2. 商品內容：239 元相本特賣。

3. 陳列方式：落地陳列展示。

4. 美工佈置：POP。

七、特惠商品大集合：

1. 活動時間：○月○日～○月○日

2. 活動方式：集合系列商品，特價回饋。

3. 商品內容：系列文具、社會書、生活用品……。

4. 陳列方式：平臺陳列。

5. 美工佈置：POP、吊牌。

八、玩具特賣：

1. 活動時間：○月○日～○月○日

2. 活動方式：

(1) 玩具 79 折特賣。

(2) 買積木滿 500 元，再加 10 元即可獲得積木玩具乙盒 (市價 70 元)。

(3) 設立表格記錄贈送積木玩具之盒數。

3. 商品內容：

(1) 新產品。

(2) 桶裝積木，原價 600 元，特價 499 元。

4. 配合廠商：X 廠、Y 廠

5. 陳列方式：平臺陳列。

6. 美工佈置：POP、吊牌。

九、新書推薦：

1. 活動時間：○月○日～○月○日

2. 商品內容：

(1) 家庭佈置系列書：全套 24 冊，每冊 150 元，全套購買特

價 28,880 元。

(2) 兒童科學百科繪本：全套 20 冊，定價 8,000 元，特價 5,980 元。

(3) 電腦學習機。

a. 主機定價 8,000 元，特價 6,000 元。

b. 美語軟體定價 4,000 元，特價 2,999 元。

c. 數學軟體定價 3,000 元，特價 1,999 元。

3. 學習機促銷獎勵：

(1) 達成目標之門市給予銷售業績 5% 獎金。

(2) 各點學習機銷售目標設定。

4. 陳列方式：平臺陳列。

5. 美工佈置：POP、吊牌。

促銷商品正確品名價格、數量，以採購處所發出的「商品促銷通告為依據」。

柒、業績目標設定與特別獎勵：

當月份目標達成率最高之門市，店長公假 10 天及大陸旅遊補貼 6 萬，職員各給予公假。

目標達成率需超過 100%，才能參加活動。

Chapter 8
零售業服務行銷

「**以**客為尊」最能貼切地表達服務的境界。

　　本章將就服務業服務的種類、體系及人員服務作介紹。零售業者若能以貼心的服務來吸引顧客上門，相對地消費者對商家亦會產生某種程度的忠誠感。由此可知「服務」是零售業者絲毫不能掉以輕心的。

　　顧客乃業務營運的主要來源，因此顧客服務在整個銷售作業中佔有相當重要的地位。零售業為服務業之一環，因此提升服務品質，讓顧客有份貼心的感受，是業者經營的重要課題。

第一節　零售業服務

一、零售業服務範疇

1. **商品服務**

   其內容包含商品組合、商品類別項目齊全、品質、價格、服務性商品如：電話卡、郵票、各種入場券、商品資訊……等服務。

2. **人員服務**

   包含售貨及服務人員之服裝儀容、服務禮儀、應對用語、諮詢服務、廣播服務、顧客抱怨處理、禮品包裝、送貨服務、試吃試用……等服務。

3. **設備服務**

   包含外觀、招牌、內部裝潢、照明設備、購物車、籃、袋、停車空間、化妝室、公共電話、自動提款機、嬰兒車、意見箱……等服務。

4. **販賣服務**

   包含營業時間、布置、色彩、背景音樂、環境清潔、各類標示牌、促銷活動、代換外幣、金融服務如信用卡、預付卡……等服務。

   服務就是滿足顧客的需求，零售商可針對售前服務、賣場服務，及售後服務三大服務體系之架構，提供顧客服務。

1. **售前服務**

   涵蓋了開店前的整頓工作、公司人員教育訓練、商品的補足、賣場的布置和廣告單的散佈。

2. **賣場服務**

   涵蓋了售貨員的待客禮儀、態度、商品知識，和保持陳列的完整、

整潔。

3. 售後服務

包含索賠、換貨、退貨、送貨和包裝的處理。

在服務的範疇內，以人員服務最具影響服務品質。售貨人員在賣場上是整個銷售過程的尖兵，所以如何正確地展現銷售服務與行動力，是企業訓練售貨人員不可忽視的課題。下列是服務顧客的十大禁忌：

(1) 沒有售貨人員在場。

(2) 顧客在場，服務人員仍私自交談或大聲寒喧。

(3) 有氣無力，面無表情。

(4) 讓顧客等待。

(5) 對顧客漠不關心，表情冷漠，毫不在乎的輕視態度。

(6) 緊跟著顧客。

(7) 被動的等待顧客詢問。

(8) 儀容未修飾，穿著不整齊。

(9) 背向著顧客

(10) 對商品不熟悉。

一般百貨公司為了服務顧客，在組織編制上都會設置一個服務部門，服務部為員工教育訓練及顧客服務、抱怨的專責單位。若沒有處理好顧客抱怨的話，有可能會呈現乘數的連鎖反應。例如：一位顧客把他的抱怨不滿平均轉告十個人，如果其中有兩個人再轉告其他各十個人，這種擴散的範圍和影響可想而知；也就是說，如果得罪一位顧客時，就相當得罪了 31 位顧客。尤其是網路盛行的時代，服務失敗的個案很容易透過 BBS、部落格、E-mail 等管道散佈。因此有些百貨

公司面對顧客抱怨時，積極作法就是設置顧客抱怨免費電話，讓專人處理顧客問題。意見箱的設置是最普遍常見的處理顧客抱怨方法，但在時效上較慢。對零售業者而言，如何透過耐心傾聽，紓解怨氣，贏得顧客的芳心，是服務致勝時代的經營重點。

第二節　零售業服務流程

一、服務流程

在零售業裡為了做好服務品質，通常都會針對服務的項目制定相關流程。與顧客服務有關的流程如下所示：

1. 售後服務原則

(1) 顧客可在七日內憑發票正本、原保證卡與原始包裝(含紙箱)，退還不合意之商品。

(2) 下列商品或情況無法受理退貨：

①生鮮食品或消耗性商品(例如電池、軟片等)。

②商品破損、刮損或污損者。

③包裝(含紙箱)破損或污損者(成衣及紡織品除外)。

④缺少附件、配件，或零件經拆裝者。

(3) 包裝箱內有附保證卡之商品，若非人為因素之自然故障，供應商提供一年之售後服務保證。顧客可依保證卡之說明與供應商聯絡維修事宜；顧客若交回公司轉修，須保留「維修單」收據聯，以便查詢及提貨。

(4) 若因人為因素而造成之故障或損壞，公司或供應商將酌收材料成本及工資。

2. 客戶退貨流程

　　一般來說，在商家職責合理範圍之下，通常只允許客戶換貨或折讓。以下說明的是客戶退貨的流程細節：

(1) 退貨必須有發票。

(2) 客戶退貨必須先通知客服部。

(3) 客服員應檢查此退貨是否合理。

(4) 如果是的話，客服人員必須先確認相關的發票和清單。

3. 營業前服務台準備工作

(1) 清潔、整理服務台，包括：服務台、收銀機。

(2) 熟記並確認當日特價品、變更售價商品、促銷活動，以及重要商品所在位置。

(3) 朝會禮儀訓練。

(4) 打開顧客置物櫃之鐵門或裝鎖頭。

(5) 補充當期之特價單、宣傳單於服務台 (播音系統測試)。

(6) 購物籃放置處。

(7) 測試入口防盜設備是否正常。

(8) 整理、補充必備的物品 (內容同收銀台作業)。

(9) 補充服務台所販賣之商品。

(10) 準備放在收銀機內之定額零用金 (內容同收銀台作業)。

(11) 收銀員服裝儀容的檢查 (內容同收銀台作業)。

4. 營業前收銀台的準備工作

(1) 清潔、整理收銀作業區，包括：

　　①收銀台、包裝台。

　　②收銀機。

　　③收銀櫃台四周之地板、垃圾桶。

　　　④購物車籃放置處。

(2) 檢驗收銀機，包括：

　　①發票存根聯及收執聯的裝置是否正確，號碼是否相同。

　　②日期是否正確 (測試出口防盜是否正常)。

　　③機內的程式設定和各項統計數值是否正確或歸零。

(3) 收銀員服裝儀容的檢查，包括：

　　①制服是否整潔，且合於規定。

　　②是否配戴識別證。

　　③髮型、儀容是否清爽、整潔。

(4) 熟記並確認當日特價品、變更售價商品、促銷活動，以及重要
　　商品所在位置。

(5) 整理、補充必備的物品，包括：

　　①購物袋 (所有尺寸)、包裝紙。

　　②圓磁鐵、點鈔油。

　　③衛生筷子、吸管、湯匙。

　　④必要之各式記錄本及表單。

　　⑤膠帶、膠台。

　　⑦乾淨抹布。

　　⑧筆、便條紙、剪刀。

　　⑨釘書機、釘書針、計算機。

　　⑩統一發票、空白收銀條。

　　⑪裝錢布袋。

　　⑫「暫停結帳」牌。

(6) 準備放在收銀機內之定額零用金，包括：各種幣值的紙幣、硬
　　幣。

5. 結帳程序

為顧客提供正確的結帳服務，除了可以讓顧客安心購物，取得顧客的信任之外，還可以作為公司計算營業收益的基礎，其正確性可謂相當重要。

在整個結帳的過程中，收銀員必須達到三個要點，亦即正確、禮貌和迅速。其中迅速一項須以正確性為前提，而不只是追求速度。以下根據正確及禮貌二項要求，設計完整的結帳步驟 (如表 8-1)。

6. 結帳入袋原則

為顧客做入袋服務時，必須遵守下列原則：

(1) 選擇尺寸適合的購物袋。

(2) 不同性質的商品必須分開入袋，例如：飾品與食品類，百貨與五金，以及紙類與棉類。

(3) 入袋程序

①重、硬物置袋底。

②正方形或長方形的商品放進袋子的兩側，作為支架。

③瓶裝及罐裝的商品放在中間。

④易碎品或較輕的商品置於上方，或以報紙包裝易碎品入袋。

(4) 確定附有蓋子的物品都已經拴緊。

(5) 貨物不能高過袋口，避免顧客不方便提拿。

(6) 確定公司的傳單及贈品已放入顧客的購物袋中。

(7) 入袋時應將不同客人的商品分別清楚。

(8) 體積過大的商品，可另外用繩子綑綁，方便提拿。

(9) 提醒顧客帶走所有包裝好的購物袋，避免遺忘在收銀台。

表 8-1　收銀結帳步驟

步驟	收銀標準用語	配合之動作
歡迎顧客	• 請問您有帶會員卡嗎？	• 面帶笑容，與顧客的目光接觸。 • 等待顧客將購物籃上的商品放置收銀台上。 • 將收銀機的活動螢幕面向顧客。
商品登錄	• 需注意螢幕顯示之品名與手上商品是否相符。	• 以左手拿取商品，並確定該商品的售價及類別代號是否無誤。 • 以右手按鍵，將商品的售價及數量正確地登錄在收銀機。 • 登錄完的商品必須與未登錄的商品分開放置。
結算商品總金額，並告知顧客	• 總共 XX 元。 • 請問您刷卡或付現金。	• 將空的購物籃從收銀台上拿開，疊放在一旁。 • 若無他人協助入袋工作時，收銀員可以趁顧客拿錢時，先行將商品入袋；但是在顧客拿現金付帳時，應立即停止手邊的工作。
收取顧客支付的金錢	• 收您 XX 元。	• 確認顧客支付的金額，並檢查是否為偽鈔或偽卡。 • 若客客未付帳，應禮貌性地重複一次，不可表現出不耐煩的態度。
找錢給顧客	• 找您 XX 元。 • 您刷卡金額 XX 元，請確認後簽名，謝謝。	• 找出正確零錢。 • 將大鈔放在下面，零錢放上面，雙手將現金連同發票交給顧客。 • 如刷卡交易，則確認卡號和簽名是否吻合後，始將信用卡、顧客存根聯、發票雙手交給顧客。(需連刷兩張卡以上者，則注意卡號是否重複)
商品入袋		• 根據入袋原則，將商品依序放入購物袋內。
誠心的感謝	• 謝謝！歡迎再度光臨！	• 一手提著購物袋交給顧客，另一手托著購物袋的底部。確定顧客拿穩後，才可將雙手放開。 • 確定顧客沒有遺忘的購物袋。 • 面帶笑容，目送顧客離開。

第三節　服務人員禮儀

一、禮儀服務規定

　　服務員是整個公司中直接對顧客提供服務的人員，可以說是公司的親善大使，其一舉一動，都代表公司對外的形象。因此，只要是一個小小的疏忽，都可能讓顧客對整個公司產生不良的觀感。尤其在目前市場競爭激烈的狀況下，親切友善的服務以及良好顧客關係建立，就成為門市成功的基礎。

　　如果每一位服務員在為顧客提供服務時，都能面帶微笑的來招呼和協助顧客，並且和顧客稍作家常式的談話，將使顧客在購物之外，還能感到愉快及親切的氣氛。也許顧客並不會當面稱讚或感謝，但是當顧客願意再度光臨時，就是肯定工作人員的最好證明。因此，每一位服務員皆應謹記公司並非只有一家，沒有競爭者，客人可以選擇光臨或不光臨，所以一定要提供最好的服務，讓顧客再度惠顧。

　　服務員在禮儀服務方面應遵守哪些規定？

1. 儀容和舉止態度

　(1) 儀容：公司為生活化的購物場所，因此服務員的服裝儀容應以整潔、簡單、大方並富有朝氣為原則。以下為在儀容方面應注意的事項：

　　①整潔的制服：每位服務員的制服，包括衣服、鞋襪、領結等，必須保持一致，並且維持整潔、不起皺。執勤時，員工識別證職位配章必須配戴在統一且固定的位置。

　　②清爽的髮型：服務員的頭髮應梳理整齊；髮長過肩者，應以髮帶束起。

　　③適當的化妝：服務員上點淡妝可以讓自己顯得更有朝氣，但

切勿濃妝艷抹，反而造成與顧客之間的距離感。

④乾淨的雙手：若指甲藏汙納垢，或是塗上過於鮮豔的指甲油，會使顧客感覺不舒服。而且過長的指甲，也會造成工作上的不便。

(2) 舉止態度：

①服務員在工作時應隨時保持笑容，以禮貌和主動的態度來接待和協助顧客。與顧客應對時，必須帶有感情，而不是表現出虛偽、僵化的表情。

②當顧客發生錯誤時，切勿當面指責，應以委婉有理的口吻為顧客解說。

③服務員在任何情況下，皆應保持冷靜與清醒，控制自身的情緒，切勿與顧客發生爭執。

④員工與員工之間切勿大聲呼叫或彼此閒聊，需要同仁協助時，應盡量使用電話廣播。

2. 電話禮儀

(1) 接聽電話時，應親切禮貌的先告訴對方：「XX 公司，您好」，或者「服務台您好」。經常將「請」、「謝謝」、「對不起」、「請稍待」、「讓您久等」掛在嘴邊。

(2) 找人的電話應每隔 30 秒予以確認是否已經接通，並請對方稍待；如果超過兩分鐘未接聽時，應請對方留話或留電。

(3) 隨時準備便條紙，將對方的留言確實記錄下來，以便事後處理。

(4) 接聽電話時，應適時發出「嗯」的聲音，好讓對方了解你正在聆聽。通話完畢後，應將聽筒輕聲放下。

3. 正確的待客用語

在適當的時機與顧客打招呼，不僅可以縮短顧客和服務員之間的距離，建立良好的關係，還可以活絡賣場的氣氛。只要服務員能夠友善、熱心的對待顧客，顧客亦會以友善的態度來回饋服務人員。

(1) 常用的待客用語：服務員與顧客應對時，除了應將「請」、「謝謝」、「對不起」隨時掛在口邊之外，還有以下一些常用的待客用語。

①歡迎光臨／您好！（當顧客走近時）

②對不起、請您稍待一下。（欲離開顧客，為顧客作其他服務時，必須先說這句話，同時將離開的理由告知對方）

③對不起，讓您久等了。（當顧客等候一段時間時）

④是的／好的／我知道了／我明白了。（顧客在敘述事情或接到顧客的指令時，不能默不吭聲，必須有所表示）

⑤謝謝！歡迎再度光臨。（當顧客結束購物時，必須感謝顧客的惠顧）

⑥總共 XX 元／收您 XX 元／找您 XX 元。（為顧客作結帳服務時）

(2) 狀況用語

①遇到顧客抱怨時。

應先將顧客引到一旁，仔細聆聽顧客的意見並予以記錄；如果問題嚴重時，立即請主管出面向顧客解說。其用語為：「是的，我明白您的意思，我會將您的建議呈報店長並且盡快改善，或者您要直接告訴店長」。

②顧客抱怨買不到貨品時。

向顧客致歉，並且給予建議。其用語為：「對不起，現在剛好缺貨，讓您白跑一趟，您要不要先買別的牌子試一試？」

　　或者「您要不要留下您的電話和大名，等新貨到時立刻通知您」。

③不知道如何回答顧客的詢問，或者答案沒有把握時。

　　遇到此種情況，絕不可回答「不知道」，而應回答「對不起，請您等一下，我請店長（或其他主管）來為您解說」。

④當顧客詢問特價品訊息時。

　　口述數種特價品，同時拿宣傳單給顧客，並告訴對方：「這裡有詳細的內容，請您慢慢參考選購」。

⑤防盜器響起時。

　　請顧客回到出口處，將顧客購物袋通過防盜器來回測試，其用語為：「非常抱歉，您袋內可能有未消磁商品，請讓我幫您測試一下，謝謝。」若無消磁商品，可能在於顧客身上，須請其通過防盜器測試，其用語為：「真是抱歉，導致感應之物品可能在您身上，為防止您到類似賣場有相同困擾，請您來回通過防盜器，讓我們為您處理，謝謝。」經查有感應，且有未結帳嫌疑，則需電話告知值班主管處理。其用語為：「很抱歉，這些商品尚未結帳，需會同本公司主管辦理，請您稍待。」

⑥顧客詢問商品是否在有效期限內時。

　　以肯定、確認的態度告訴顧客：「一定沒問題，如果買回去不滿意，歡迎您拿來退費或者換貨」。

⑦顧客要求包裝所購買的禮物時。

　　微笑的告訴顧客：「麻煩您到前面的服務台，有專人為您包裝」。

4. 其他應對

(1) 顧客詢問：對於顧客的任何詢問，應以禮貌的態度，並且耐心的聆聽之後，給予具體的回答，千萬不可漫不經心或隨手一指。如果必須以手勢說明方向時，應將手心朝上。對於顧客的詢問或投訴，如果職員本身無法給予滿意的回答或處理時，必須立即請當值主管出面處理。

(2) 廣播服務：服務台的廣播工作，除了有對內的業務聯繫之外，還有對外的促銷廣播、音樂播放以及服務廣播。頻繁的促銷廣播，可以使店內氣氛更加地活躍，讓顧客對店內的活動有深刻的印象，進而帶動店內業績的成長。

促銷廣播必須每隔一段固定時間就廣播一次。廣播時，應先擬好廣播詞並先默念幾次，以求詞句的順暢。廣播的音量必須適中，音質明亮柔美，不急不徐，並且不可夾帶嘻笑聲播放出來。平時播放音樂的音量應以最舒服的感覺為主，不能過高，否則會引起顧客的煩躁。各公司應事前準備好日常的廣播目錄，以及各廣播項目的內容。

(3) 顧客遺忘物品的處理：當顧客有未帶走的物品、未領回的寄物品，或是有顧客前來尋找（詢問）遺失的物品時，必須予以登錄在固定之「顧客遺失物品記錄單」，以備顧客前來拿取，或是有人拾獲遺失物品時得以迅速歸還失主。

為了確實管理並有效控制顧客遺忘或拾獲之物品、現金及任何有價證券，店長必須確認每一筆遺失物品均如實填寫在記錄單內，處理時應注意下列事項：

①請拾獲物品的顧客或員工將拾獲商品的名稱，清楚並確實地填寫入「顧客遺失物品記錄單」。

②若有顧客前來尋報物品遺失時，應將顧客詳細描述遺失物的

內容。如果沒有找到，應先登錄在「顧客遺忘物品記錄單」內，並留下失主的電話及地址，待人拾獲時，再盡快通知失主前來認領；如數天後仍無人送回，亦應通知失主。

③拾獲之物品：拾獲百貨及日用食品暫留兩天。拾獲物品如超過前述之保留天數，仍無人前來領取時，則先放置店長辦公室，直至一個月後將其銷案。

④若在公司內拾獲現金、有價證券，以及貴重的物品時，應在登記後立即存放在特定的地方保管（如金庫），並向上級主管報備，若 24 小時內仍無人認領則轉報警察機關。

⑤遺忘物品處理應統一在服務台作業。領取時，應憑發票和「顧客遺忘物品記錄單」核對，如核對無誤及如數奉還，並請領取者簽名以示負責。

⑥店長應妥善注意，避免公司員工私自收藏拾獲的物品、現金或串通熟人假冒顧客前來領取。

(4) 顧客寄物服務：服務台提供顧客寄放隨身提袋或大件物品，除了可以讓顧客方便購物之外，也可預防顧客將商品暗藏在袋內而不予結帳。顧客寄物時應注意下列事項：

①每個寄物櫃均備有一個號碼牌，號碼必須和櫃子的編號一致，並且在顧客寄物的同時面交顧客，以為領取時的證明。

②從寄物櫃拿出物品時，一定要看清楚號碼牌並拿出正確的寄物品給顧客，不得混淆。如發生錯領情事時，應立即報告給當值主管。

(5) 顧客抱怨：顧客有抱怨時，應先仔細聆聽顧客的意見，不可與顧客爭執，同時立即請主管出面處理。

5. 顧客常問的問題

    (1) 電器商品有無保固？

    (2) 有無販售 XX 類商品？

    (3) XX 商品在哪個貨架？

    (4) 能否退貨？

    (5) 商品可否試用？

    (6) DIY 商品有無組裝服務？

    (7) 是否有宅配？

    (8) 商品常識問題，例如床包有無附被套、枕頭？燈具燈泡適用瓦數？

    (9) 買多一點可以算便宜一點嗎？

    (10) 有提供紙袋及包裝服務嗎？

第四節　服務品質與失誤補救

一、服務品質查核

    為了保持服務品質水準，除了制訂相關服務流程規範加強訓練外，也會制訂一些檢核項目，來作為內部的追蹤考核。(如表 8-2)

    透過檢核標準的評比，也可以舉辦服務競賽活動，以獎勵服務品質優良的同仁，同時也可發現服務的缺失；這種方式尤其在連鎖性的零售業更具其效果。

範例：微笑禮貌服務競賽辦法

1. 競賽時間：即日起至 X 月 X 日止。

2. 競賽辦法：

表 8-2 服務品質查核項目

- 到櫃台結帳時，服務員主動的打招呼或引導顧客結帳。
- 與顧客對話時，服務員有眼神上的接觸。
- 面對顧客及服務過程中，服務員態度親切。
- 結帳時，服務員以雙手收取現金及信用卡。
- 結帳時，服務員以雙手遞交顧客商品。
- 結完帳時，服務員親切地向顧客感謝或道別。
- 經過顧客身邊時，服務員會主動打招呼。
- 提供服務時，服務員對顧客的問題處理得宜。
- 詢問服務員問題時，服務員須站立回應。
- 詢問問題時，服務員提供了有效的解答。
- 尋找商品時，服務員有否親自帶領或明確指引。
- 服務員上班時間是否有講手機、吃口香糖、聊天聲音過大的現象。
- 服務人員上班是否依規定穿制服和佩帶名牌。

(1) 評核內容：

①收銀服務台人員微笑。

②是否拉客引起客人不悅。

③門市人員對客人應對。

④總公司 080 客訴專線經證實為分店缺失。

⑤總公司派員作電話測試。

(2) 評核方式：

①採負面表列，評分人員於 X 月 X 日前依評核內容項目將扣分給總部彙整扣分總額。

②評分人員：

①～③項王經理、吳經理、神秘客。

①～⑤項陳副理。

(3) 獎勵：

①台北區共 4 店，取 1 名，第一名。

②台中區共 6 店，取 1 名，第一名。

③第一名分店獎金 1,000 元、獎狀乙張、店經理嘉獎乙次。

二、服務行銷失敗與補救

零售業在推動服務行銷過程中難免有因硬體、商品、系統，或人員訓練執行等方面的不足，而造成服務行銷失敗的產生，此時非常容易造成客訴的產生，因此後續的補救措施就非常重要。

一般來說，零售業因服務行銷失敗而造成的客訴大致有四大類：(1) 顧客受傷；(2) 對商品或價格之投訴；(3) 服務人員問題；(4) 顧客車輛或財物損失之投訴。

1. 顧客受傷

(1) 手推車互撞受傷

(2) 貨架上方商品掉落傷人

(3) 貨架傾倒傷人

(4) 手扶梯或電梯夾傷人

(5) 地面濕滑跌倒傷人

(6) 試吃攤位燙傷人

(7) 鐵捲門斷落傷人

2. 對商品或價格之投訴

(1) 商品保存期限過期

(2) 變質商品

(3) 商品有瑕疵

(4) 商品拆封後缺零件

(5) 商品包裝標示不清或無中文標示

(6) 結帳錯誤（錢多算）

(7) 缺貨

(8) 商品功能與宣傳不符

(9) 商品品質不良造成顧客健康損害或其他副作用

3. 服務人員問題

(1) 找不到服務人員

(2) 服務人員態度不佳

(3) 送修商品維修過長或維修不好

(4) 服務人員強迫推銷

4. 顧客車輛或財物損失之投訴

(1) 車輛互撞

(2) 車輛被破壞

(3) 車內財物遭竊

(4) 寄物櫃內物品被竊

(5) 停車場內遭搶

　　一旦發生上述情形後該如何處理？減輕傷害是服務行銷中一個非常重要的議題，因此零售業應針對各種可能發生的客訴狀況做出標準處理步驟，才能避免服務行銷失敗時，問題擴大，以下茲就上述四類的狀況簡述其處理步驟：

1. 顧客受傷步驟

step 1：立即報告店長，輕者自行急救，重者立即送醫。

　　step 2：通知保險公司。

　　step 3：客服部派人員前往慰問及處理，若顧客不接受，則由公司
　　　　　　高層主管出面協調解決。

　　step 4：檢討是否因設備問題立刻進行補救。

2. **商品或價格投訴之處理步驟**

　　step 1：辦理退貨。

　　step 2：通知該商品所屬部門主管協助處理。

　　投訴缺貨時，記錄顧客聯絡資料，告知顧客到貨情況。

　　因商品品質不良，造成健康損害，經店長同意後立刻派人員攜帶禮
　　品拜訪顧客；須就醫者，由客服部人員陪同就醫，由公司負擔醫藥
　　費。並派人與廠商聯繫談判賠償模式。

　　如因價格標錯，導致投訴時，應將價差退予顧客。

3. **服務人員問題處理步驟**

　　step 1：填顧客投訴處理單，並向顧客致歉。

　　step 2：詳細記錄人、事、時、地、物，約談當事人了解實際狀況
　　　　　　並作為日後訓練教材。

4. **顧客車輛或財物損失之投訴：**

　　step 1：實地了解車輛遭損情況。

　　step 2：與當事人協調解決。

　　step 3：若不能和解則報警處理。

第二篇　習題

第五章

1. 零售業行銷管理策略擬定及戰術計畫構思時，須掌握哪四個元素？
2. 何謂零售業行銷管理的 4C？
3. 簡述零售業行銷管理的基本步驟。

第六章

1. 零售業的行銷工具及方法，一般而言可分哪三種屬性類別？各種類別有哪些活動手法，請簡述之。
2. 零售業使用行銷工具及方法應掌握哪些要點，才有機會獲得較好成績？
3. 如果你是一家便利商店的經營者，為提升來客數，請提出具體行銷計畫。

第七章

1. 請簡述行銷管理循環 PDCA。
2. 促銷活動計畫通常會涵蓋哪些項目？
3. 請以聖誕節為例，擬一份行銷企劃案。

第八章

1. 零售業服務的範疇可涵蓋哪四大方面？
2. 請簡述售前服務、賣場服務、售後服務、內容。
3. 如果你是一家服飾店經營者，你會如何提升服務品質？

人力資源管理

Chapter 9
零售業組織設計

隨著經濟環境快速的變化，零售業的經營型態亦隨之不斷的創新與多元，如何設計零售業的組織，使其能進行有效率的競爭，就顯得格外重要。因此要發展零售業的組織，就須具備動態的彈性規劃，以及國際觀的視野。

為了創造競爭優勢，零售企業的組織需具備創新的能力，而創新能力就必須源自組織不斷地學習成長，因此建立學習性組織的架構及文化也是不可或缺的一環。在零售業的組織推動提升內部的績效上，也會將一些量化及非量化的績效指標，列入組織的經營管理考量。

第一節　組織意義

零售業經營管理的發展是否成功，與組織規劃的健全與否有極其重大的關聯性。通常組織的發展會先依其企業的發展策略及任務為基

礎，而規劃出適合的組織。零售業的組織並非一成不變，有時也會因環境及企業體質的轉變而做適度的調整，如此才能發揮組織應有的功能。

組織的運作是透過人力資源的分工、配合、指揮、協調、控制、溝通、目標管理等管理行為以達成目標，如同人體的功能一樣，藉由大腦的協調機能讓心肺、四肢、呼吸、消化等系統正常運作，達到正常機能的循環運作。

一、組織的共同特性

不論組織是何種形式，均有其共同特點：

1. 統一的指揮

組織為一群體，組織成員為每一個體，個體的努力，是在實現群體的目標。若沒有高權力來統御下轄各個組織成員的努力工作，則易造成組織成員各行其是，行動不一，致使組織淪為烏合之眾，無法遂行組織的目標。

2. 溝通

組織各個成員，所以能統一口徑、齊一方向，除了有明確的組織目標外，各個成員能彼此溝通意見，是不可少的。經由意見溝通，不僅減少誤會，也可澄清對其他部門或組織所產生的疑慮。

3. 明確的目標

組織都有其明確的目標，所有組織成員的工作，都是在達成此項目標。因此，即使組織成員個人的期望有所不同，但在組織揭示的大目標下，個人的努力方向應是一致的。

二、組織的其他特性

1. 分工

組織目標的達成，有賴於組織成員的努力。組織的工作，則依其專業之不同，可分成許多不同的工作，如會計、出納、人事、品管等，必須選擇適當的人才去擔任。唯有因才適所，才能發揮個人的專長，並使工作更能有效地展開。

2. 管理層級

由於每個人的體力、時間、知識、技能有限，如果是位居組織中心的主管人員，要同時直接、個別地指揮數十人的活動，必有其能力限制，而無法發揮組織最大的力量，因此，為達有效地監督指揮部屬，對於直接管理監督的部屬必須加以限制，如此稱為「管理幅度」(Span of Control)，也稱「管理跨距」。因為有管理幅度上的問題，所以，在各層的主管同樣會面臨相同的問題下，組織遂分設層級，主管採分層負責及授權的制度，直接指揮、督導部屬。

管理幅度以多少為適當，並沒有定論，通常約在 7 到 12 人之間。其大小的決定因素，一般來說，決定於部屬的工作其專業程度。如係例行性工作程度越高者，則管理的部屬人數可增加，反之，變化較大的工作，因必須較嚴密地管制，所以只能容許較小的管理幅度。此外，如組織的階層、部屬人員的素質、統制手段的有無、組織型態、主管本身的能力強弱，均會影響管理幅度的大小。

3. 配合

組織是由各部門組成，要發揮組織統一的力量，必須各部門相互配合。而各部門的配合，就是透過權責劃分，明定職掌，使各部門的工作能在組織的統一目標下，發揮相乘相助的效果。

4. 平衡

組織的環境，時時在變，組織必須調整，適應環境的變動，如此組織內外因素能維持平衡；而人與事的平衡，也是組織內應力求的平衡，人少事多，工作績效堪慮；但人多事少，低效率的工作，更是組織覆敗的成因。

5. 效率

效率可藉投入與產出的比值得知高低。組織應講求效率，效率高的組織，顯示產出值大於投入值，組織的成長進步是可期的。因此，在授權、分權方面，應講求工作效率的必要性。

第二節　組織型態

組織形態如以其功能及結構來區分的話，一般分為一般型組織、功能型組織、矩陣行組織、事業部組織，及任務小組組織。各種組織類型各有其優缺點，至於企業在運作的過程中要採用何種組織，需視當時的情況而定，有時在同一時期階段也可能同時存在二種以上的組織。以下就一般型組織、功能型組織、矩陣行組織、事業部組織，及任務小組，就其組織特色及其各自優缺點做一分析比較 (如表 9-1)：

表 9-1　組織型態的比較

組織型態	組織特色	優點	缺點
一般型組織	只有二、三個層級，幾乎每一個成員都向某一個人報告，即中央集權的策略者。	反應快速、有彈性、責任明確、且組織成本較低。	較適小型組織，大組織較不適用。
功能型組織	以功能導向作為整個組織的結構形式。	專業化程度較高。	各部門對其他部門工作認識較少。
矩陣型組織	每項產品或專案都有一個經理人負責，並可以從各個功能部門處找到支援他的幕僚人員。	同時享有功能性部門及產品別部門的優點。	協調方面會產生困難，很容易發生權責不清的狀況。
事業部組織	由數個分部組成，由一個事業部主管負責。	減少最高管理當局的控制幅度，管理較深入。	多增加一個管理階層，管理成本較高。
任務小組組織	為完成某特定工作，從組織各部門抽調人員配合。	具有彈性、因應變化能力強。	短暫性組織結構。

　　另外一種組織劃分的方式是從部門的角度切割定義，以部門劃分的方式，通常有下列幾種型式的組織：

一、職能別的部門劃分

　　依組織的各項主要業務作為部門劃分的標準。例如一個製造業，其主要業務有生產、銷售、財務。因此，將組織劃分成生產部、業務

部、財務部,各設一位主管主其事。但一家百貨公司,其主要業務卻可分為產品部、企劃部、財務部、管理部。組織依其規模大小之不同及主要業務內容,其職能亦各有所不同。職能別的部門劃分系統表,如圖 9-1 所式:

9-1　職能別組織

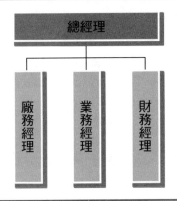

二、產品別的部門劃分

當組織規模日趨龐大,產品項目越多,原有依職能別之不同所劃分之組織,其部門主管感到龐大壓力時,乃產生依產品別之不同而劃分組織。此種依產品別劃分部門的組織方式,其最大好處,是有利於同產品的各項業務活動之協調,同時也利於「成本中心」或「利潤中心」的建立。當然,此種部門劃分方式,容易產生各部門過於獨立自由,以致形成本位主義之缺點,甚至各事業部功能重複,形成組織之浪費。產品別的部門劃分系統表,如圖 9-2 所式:

9-2　產品別組織

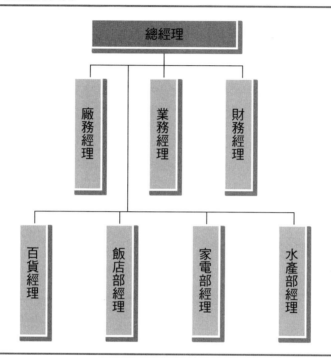

三、顧客別的部門劃分

　　組織為便於滿足並掌握不同消費者的需要，所採取的部門劃分方式。例如生產汽車，消費者有可能為機構團體、計程車行及個別消費者，其個別的需要亦各有不同。為便利服務顧客，乃依顧客之不同作部門劃分。此種部門劃分方式，如同產品別部門劃分方式，易產生組織疊床架屋、資源浪費，增加營運成本的缺點。

　　顧客別的部門劃分系統表，如圖 9-3 所示：

9-3 顧客別組織

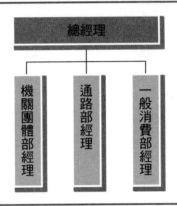

四、行銷通路別的部門劃分

產品由生產商分配到最終消費者的過程,可能有批發商、零售商、雜貨店,稱為行銷通路。為掌握行銷通路,以及提供更合理的服務給有關的行銷通路,因而採取依不同的行銷通路來劃分各部門。此種部門劃分法,如同商品別、顧客別等,容易造成業務重複,人力、資源的浪費。行銷通路的部門劃分系統表,如圖 9-4 所示:

 9-4 行銷通路別組織

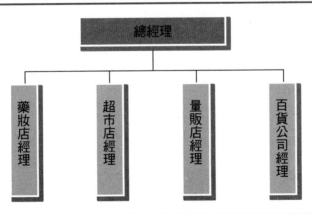

五、地區別的部門劃分

如果組織的業務遍及廣大的地區，為有效、及時地掌握住各地區消費者需要，並提供更完善的服務，乃依地區之不同作部門劃分。如亞洲地區、歐洲地區、美洲地區，或北部、中部、南部、東部。此種部門劃分方式仍難免於業務重複、人力資源浪費的缺點。地區別的部門劃分系統表，如圖 9-5 所示。

 9-5 地區別組織

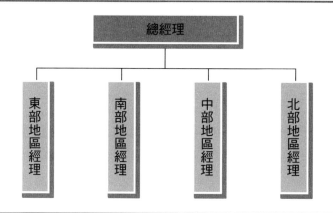

六、矩陣式組織

組織面臨的環境變化多端，原有的組織方式，對於短時間存在的問題，卻不是既有部門所能單獨負責處理的。為解決問題，必須成立專案小組 (Project Team)，由各部門的專家臨時成立專案式組織 (Project Form Organization)，來處理此一短期存在的問題。待此一問題解決後，此專案式組織也隨之解散。矩陣式組織 (Magrix Organization) 如圖 9-6 所示。

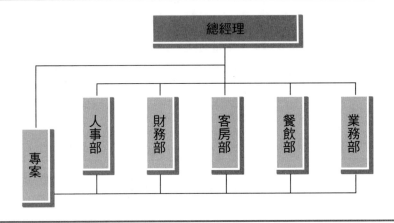

9-6　矩陣式組織

七、正式組織與非正式組織

　　所謂正式組織 (Formal Organization) 是指透過組織圖，描繪出組織中任一個職位彼此間的關係，既表現資訊流通、命令下達的流程，也可表現組織中各個活動間的相關位置。正式組織也可透過組織章程、工作說明書、工作規範作補充性說明。正式組織的存在，組織的目標才能實現。因此正式組織應是永續存在的，但為適應環境的變遷，正式組織的結構是會改變、成長的。

　　而非正式組織 (Informal Organization) 是指在正式組織之外，組織成員間的關係所形成的社會團體。此種非正式組織的存在，會影響到成員的行為、動機，進而影響正式組織的結構。非正式組織是行為學派研究的一項重點，其形成因素可歸納為下列六點：

1. 個人性格。
2. 教育程度。

3. 社會團體。

4. 組織變動。

5. 領導才能。

6. 技術更新。

第三節　零售業的組織型態

　　一個企業的組織功能幾乎涵蓋了產、銷、人、發、財等幾個構面。以零售業的組織構面而言，就是商品採購 (產)、營業及行銷管理 (銷)、人力資源管理及教育訓練 (人)、營業企劃流程改善及資訊發展 (發)、財務管理 (財) 等幾項功能與資源的分配，來組合組織的運作。

　　零售業有不同的分類，其規模大小、組織型態亦各有別，茲列舉下列不同類型零售業組織型態供參考。

1. 小型商店組織型態，如圖 9-7 所示。

 9-7　小型商店組織

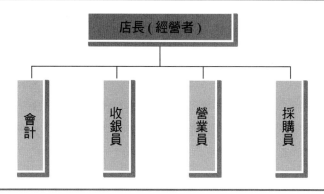

2. 超級市場組織型態，如圖 9-8 所示。

 9-8 超級市場組織型態

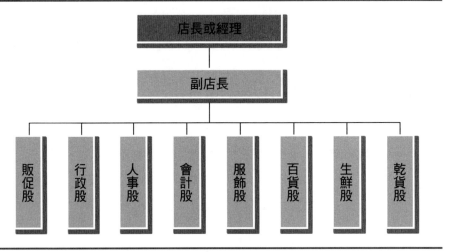

3. 百貨公司組織型態，如圖 9-9 所示。

9-9 百貨公司組織表

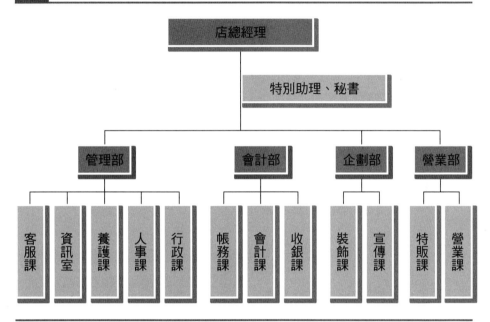

第四節　組織結構

一、發展組織結構

在發展組織結構時，應循下列活動執行：

1. 確認組織的目標

   企業雖以營利為目標，但在今日的社會中，社會責任也是不可忽略的目標。一般組織各有其不同的目標，所以首要工作，就是先確認組織的目標。

2. 將完成組織目標所需的各項活動劃分出來，並予以分類彙總

亦即將性質相同的活動綜合在一起，形成一個部門，並依管理幅度大小，形成上下的管理層級。同時確認直線指揮督導關係、幕僚單位的地位及橫向聯繫關係。

3. 權責劃分工作

授權各部門主管，並明確規定各部門人員的職責，同時提供各部門執行工作時所需的各項設備、器材、環境。組織是隨著環境的變化，而做出適當地調整，因此組織結構也必須隨時間、空間的改變著手檢討修正，以便各單位能順利執行工作，進而達成組織的目標。

建立組織圖主要有以下功能：

1. 確認每一位成員的工作職稱。
2. 確認組織內每一位成員所擔任的工作及地位。
3. 顯示整個組織的功能架構。
4. 顯示各個部門該對誰負責。
5. 劃分權責界線。

二、授權

在組織的規劃設計中，也往往涉及到授權的問題，所謂授權 (Delegation)，就是管理者賦予部屬執行任務時所需的職權，使其能順利、圓滿地完成工作目標。

任何一位管理者都必須藉由部屬去完成工作，如果所有的決定權全集中於高階的管理者，則會造成部屬不敢負責，凡事請示，管理者也必窮於應付，而無暇思及其他企業經營管理決策。授權是組織發揮更大效率所不可或缺的工作，其目的包括：

1. 部屬自己做決策，並對自己的決策負責，是訓練部屬的一種要領。

2. 提高部屬全面參與管理的意願。

3. 提高工作效率。

4. 擴大收集各項情報與資料。

　　雖然職權是可以下授，但職責是無法下授的。授權後，管理者仍得負一定職責，並須確定任務目標的完成。相對地，部屬對其所擔任的工作也有完成的職責。分權 (Decentralization) 與集權 (Centralization) 一直是組織中最重要的議題，須視組織所面對的挑戰而定。集權是最高管理者保有決策的權力，但分權除意味選擇性的分權之外，還須對部屬予以適當控制，以達成職權之集中。分權化程度的大小，可由下列尺度來衡量：

1. **決策次數多少**

　　若低階管理者，可作決策的次數越多，表示分權化程度越大。

2. **決策的重要性**

　　若低階管理者，可作決策重要性越高，表示分權化程度越大。

3. **決策的呈核**

　　若低階管理者所作的決策不需事先和上司商量，或僅做事後報告即可，則分權化程度越大。

4. **決策的範圍**

　　若低階管理者所作之決策，涵蓋較大的職能範圍，表示分權化程度越大。

Chapter 10
人才招募及選用

在進行人才招募及選用之前，必須很清楚了解組織實際的人力缺口，以及招募人才的條件。因此工作分析 (Job Analysis) 便是一項不可或缺的工作。透過工作分析，才能作出工作說明書 (Job Description)，清楚地定義出每項工作職缺的職掌及責任，並明列出擔任此項職務的人應具備的學歷背景或特殊技能證照。

通常工作說明書會定義出本項工作職缺的職稱、工作內容的描述、權利及義務關係、組織內從屬關係、績效標準、需受何種訓練、擔任此項工作所需具備的條件 (如表 10-1)。

第一節　招募的重要性

一、工作分析

進行工作分析通常有下列幾項步驟：[2]

表 10-1　XX 百貨 (股) 公司：工作職掌 / 工作說明書

職稱：行銷企劃課課長
所屬單位：企劃部
直屬主管：企劃部主管　　　　　　(職稱) 經理　　　　　管理人數：6

資格條件：
1. 學經歷：大學畢 (相關科系畢尤佳)
2. 相關工作經驗：具零售業行銷、企劃等相關工作 3 年以上並具主管經驗 2 年
3. 需受訓練項目 (與時數)：營業相關經驗 (40 HRS)、企劃提案 (40 HRS)、媒體
   運用 (40 HRS)

項次	工作職掌	工作說明
1	每檔販促活動企劃	1. 確定本檔活動訴求 2. 針對活動訴求提出販促內容或與異業結合之活動 3. 與相關部門會議 4. 擬定活動流程 5. 評估活動成果 6. 編列年度販促預算
2	年度廣告企劃	1. 針對節令與經營策略擬定年度廣告企劃 2. 編列年度廣告預算 3. 廣告擬定與執行及評估
3	協助擬定年度販促行事曆	
4	開發新市場增進業績	
5	媒體廣告的運用執行	

1. 決定工作分析資料的用途。

2. 收集背景資料。

3. 選擇代表性的職位作分析。

4. 實際收集在職活動、員工行為、工作狀況、必備條件等資料。

5. 讓任職者與其直屬上司認可所收集到的資料。

6. 編寫工作說明書。

第二節　求才

零售業人力資源管理的工作，由於行業的特性，一般而言具有下列的特性：

1. 流動率比一般行業偏高。

2. 工作時間多半在假日人潮高峰時間且需輪班。

3. 平均年齡層低。

4. 工作時間較活潑，面對的人、事、物變化大。

5. 有些工作內容無法以文字描述。

一、零售業人才主要來源

人力資源的成本在零售業中一直佔有極大的比例，而且零售業是以人為中心的產業，因此如何找到適當的從業人員，便成為零售業非常重要的議題，零售業找尋人才的主要幾個來源，一般而言有下列幾項：

1. 應屆畢業生。

2. 軍中退伍人員。

3. 獵人頭公司 (高階的職位)。

4. 人力派遣公司。

5. 待業中找尋工作者。

6. 任職其他企業要轉跑道者。

7. 中、高齡二度就業者。

為了因應零售業所需的人力特質，例如是兼職或全職、高階主管或基層人員等，因此在招募時，可透過不同的管道，以利接觸到所要招募的對象。

二、招募管道

招募的管道特別多，就零售業而言，大致有以下幾種管道可以選擇：

1. 刊登報紙廣告。
2. 店頭徵人海報。
3. 促銷宣傳單上的徵人訊息。
4. 雜誌徵人廣告。
5. 校園求才說明會。
6. 軍中求才說明會。
7. 透過公司形象網站發佈徵人訊息。
8. 透過人力仲介公司。
9. 參與政府機關所舉辦的聯合徵才活動。

刊登徵人廣告應掌握幾個要點，才能發揮應有的效果：

1. 公司的名稱及 Logo。
2. 公司簡介 (經營項目、福利、遠景)。
3. 所需要的工作職稱。
4. 所需要的應徵者具備的條件。

5. 工作地點。

6. 應徵者需具備的文件。

7. 聯絡方式、應徵地點。

第三節　甄選

進入甄選階段後，接著就是一連串的條件審查、筆試、性向測驗、公司說明、面試等程序，以下茲就甄選階段每一程序做一說明：

一、條件審查

在初次考選階段中，應根據應徵書類，核對應徵者的應徵資料是否符合條件。凡是通過書類審查的應徵者要通知考試日期。對於在職中的應徵者，關於考試日期、及格或不及格的通知等，也都必須審慎執行。

通知時，原則上利用郵寄、電話等來聯絡。書類考選中應徵者的選別，必要時應該以彈性的方式來評量。例如雖然年齡限制在 30 歲以下，但也不要機械似地把 31 歲以上的應徵者全部剔除，反而更要逐頁地要一張一張詳細審查，盡量地讓他們有參加考試的機會。

二、筆試

這是最適合了解應徵者的知識、判斷力、創造力的測驗，分為兩種型式：(1) 「客觀型測驗」，和 (2) 「主觀型測驗」(論述式、作文等) 兩種。前者以既成採點手續為主；後者主要在強調透過自由記述的總和，來評量其知識、思考力及表現力。不論如何，這兩種測驗的目的，就是希望能充分反映出應徵者的基礎學歷、知識或常識程

度，是否符合職務的需要，所以正確的出題方法和問題是有必要的。

三、性向測驗

　　只靠筆試結果不能判斷人的一切，因此增加導入適性檢查以進行多角的考選。最近採用多角化的考試很進步，面試和筆試或是和適性檢查併用的測驗漸漸增多。理由是為了彌補面試所衍生的缺點，例如「容易偏差與主觀的傾向」。對於「面試之後即決定」的作法，容易導致應徵者對企業的信賴感下降。因此唯有十分嚴格的考選，才能給應徵者抱有「這樣的企業不管怎樣非進不可」的積極想法，進入公司服務以後，也會影響他對工作的幹勁。

四、公司說明

　　公司說明是針對那些沒有抱什麼動機前來的應徵者，傳達公司在求人公告中所無法表達的情報，並且使應徵者確定自己動機的一個場所。對於應徵者而言，這也是他想從求人媒體得不到的情報，或是想要確認更詳細情報的一種好機會。求人公告若說是用文字透過媒體的單向傳達法，則公司說明會是晤談機會的雙向傳達法。對於不合適選別的內容，也可能有了這個理由，而能充分達成「考選」的機能。

五、面試

　　面試時，主試者充分做好事前準備，以期面試的技術純熟；對於中途採用者(即錄取有經驗者)，則適合採取個人面試。面試時，應備妥面試評定表，以提高客觀性。

　　記住「面試者是企業的象徵，也是企業的代表」。

1. 面試的目的

   由面試者和應考者的言語質疑應答和態度中，觀察應考者的反應和整體形象，因而進行評價，這就是面試的目的。

   (1) 在個人特性的體系上，作總和上的評價。(人的特性是多種多樣，並由此找出最適性的人物。)

   (2) 應考者想法的理解和評價。(探知其過去的經歷，同時對將來職位的行動傾向作預測。)

   (3) 應考者和預定甄試職種的適合性評價。(對適應環境的個人特性的發現和對職務或工作場所適合性的預測。)

   (4) 常識、專門知識的評價。(了解應考者的知識深度和態度，並探求其判斷力和推理力。)

   (5) 面試者和應考者的情報交換。(應考者要表明應徵的動機、熱忱，對公司的期望，而面試者要表示對於採用者的意圖、採用基準以及希望做的工作內容。)

2. 面試的種類

   面試有被面試者的「個人面試」以及被面試者複數的「集體面試」兩種，前者適合於充分總體上觀察一個人，後者則適合比較相同條件的對象者作比較觀察。雇用畢業生的時候，併用個人面試和集體面試的企業也不少。但中途採用的時候，以實施個人面試的企業較多。

   至於面試時間，普通一個人大約 10 分鐘。但是時間上允許的話，超過以上的時間更好。一般的面試方法大致有以下幾種，如表 10-2 所示。

3. 面試者

   至少是兩人以上的面試者，以期評價的公正。

   (1) 面試者通常可以舉行兩次面試。初次面試由直屬上司負責。第

表 10-2 面試方法

自由面試法	採取自由的質問方法。 (優點)可以適應當場的氣氛而進行晤談。 (缺點)有判斷的偏差和客觀性的欠缺。
標準面試法	質問和評定標準化,質問和評定項目要有關聯,因而提高評價的客觀性。 (優點)有準備質問例子,所以面談者不必考慮質問內 　　　　容,並且可以得到統計上處理的資料。 (缺點)質問和評價稍微傾向機械化。
診斷面試法	要評價報考人所必要的情報,即是對適性檢查等等的結果作補充資料。尤其要針對有沒有不適應行為或問題傾向而進行晤談。 (優點)對職務適性否可以得到深刻的洞察,並且也可得 　　　　到發現問題點的線索。 (缺點)面試者對檢查要有專門知識和面試技巧的必要。
非指示性面試法	面試者不要進行支持性的質問,可以讓報考人對其關心的問題自由地發表談話。 (優點)對面試者的質問不必有存著警戒心的必要。
集體面試法	把握個人在團體中行動的態度。 (優點)可以節省每個人需要的晤談時間,也可以和其他 　　　　報考人直接比較,並了解各報考人的特徵。
集體討論法	進行討論並觀察期討論的過程,進一步評價各報考人。 (優點)面試者不必有個別晤談時質問技術,可以用長時 　　　　間觀察報考人間的討論場面而得到妥當的評價。

二次則由最高主管級晤談。在個人面試時雖然報考人只有一人,但面試者有兩人以上的時候,比較可以得到評價的公正。至於技術職,且限定分配單位,在採用的時候,預定分配單位

的上司也請來參加，是一件很重要的事。因為他最了解實務上的需要和水準，所以可以下最適切的評價。

(2) 面試者人數太多反而不好，因為報考人會緊張，質問也會分散，同時評價也隨之分散。相反地，人數太少，也容易缺少評價的公平和客觀性。

(3) 面試者的團隊包括最高主管 (董事)、人事負責者 (部、課長) 加上第一線的部、課長、老練的優秀職員，這樣的組合是最適當的。讓面試者和報考人在很自然的狀態之下進行晤談，是最理想的狀況，尤其是促進「親近的關係」對雙方更有其必要性。抱著太過溫和的心情，或是武斷的判定和批判的態度是千萬不可的。務必要站在對方的立場來考慮。

4. 面試者的態度

面試者是企業的代表，面試者從報考人中找出較多的情報來作為決定採用與否的意見材料。此外，面試者還要顧慮報考人是否處於緊張的不安感。儘管面試者握有決定錄用與否的權利，但態度還是要非常謹慎，不要仗著你的權威而變成傲慢的態度。對於報考人來講，面試者是企業的象徵，同時也可說是代表，所以面試者要有這樣的體認。

5. 詢問的方法

面試是有效傳達思想的場合，充分給報考人有思考的時間，不要讓他以「是」「不是」來中止回答。詢問方法的重點就是不要用「是」「不是」來回答詢問的重複。因為由報考人本身的談話之中，可以發現他的傳達能力。如果允許他過度的說話或任意地轉移話題，難免會影響面試者的主動權。

詢問順序的要點：

(1) 導入部分：

自己介紹、簡潔的話題。

(2) 應徵動機、應徵職種：

動機的堅定程度、理解度、自己的把握力。

(3) 關於學校生活：

對讀書的興趣。

(4) 意欲、能力：

長處、自己的把握力。

6. 面試的結束

(1) 觀察過程：

根據履歷表、作文、客觀測驗，和其他的資料進行質問，詳細觀察對這些問題的應答態度及過程。

(2) 評定過程：

從上面的觀察結果對「能力」、「適性」等各評定項目的作評定的過程。

(3) 判斷過程：

以上面的評定結果作基礎，對綜合上述職務對象的適合程度，從全體上來判斷的過程。

Chapter 11
教育訓練

零售業的教育訓練可以說是提升競爭力、降低作業成本，非常重要的一環。如何訓練一個新進同仁在最短的時間內能夠上手作業，就必須有一套完整的訓練計畫及訓練內容。

第一節　訓練意義

一、完善的訓練能帶給企業及員工哪些好處？

1. 訓練對企業的好處，基本上有三點：
   (1) 降低流動率。
   (2) 提高工作效率。
   (3) 降低客訴及損失。

2. 透過訓練，可讓員工擁有：
   (1) 專業知識。
   (2) 發揮自己潛能。

(3) 改善人際關係。

(4) 提案改善能力。

(5) 積極、責任、協調、道德。

二、訓練作業標準書

　　一個完整的零售業訓練系統，最基本的兩項工作就是訓練計畫及訓練內容的標準化。

　　在訓練內容標準化方面，零售企業應先建立企業內作業標準書，以作為訓練的參考。一般而言，作業標準書 (Standard of Process) 簡稱 SOP 的規範與執行，大致有以下幾種流程：

1. 新編 SOP 作業流程。

2. 編碼原則及文件標準格式。

3. 文件管制。

4. 訓練、查核。

5. 修正流程。

　　茲將上述流程析述如下：

1. 新編 SOP 作業流程圖，如圖 11-1 所示。

2. 編碼原則及文件標準格式

　　(1) 編碼原則：可分 SOP、JD，List。SOP 表示作業流程，JD 表工作說明書 (如表 11-1 所示)，List 代表表單 (如表 11-2 所示)。

11-1　SOP 作業流程圖

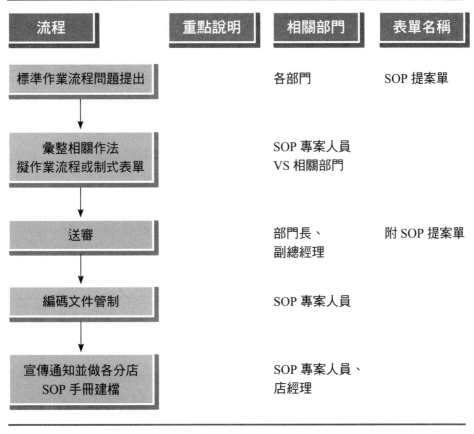

表 11-1　J.D 工作說明書

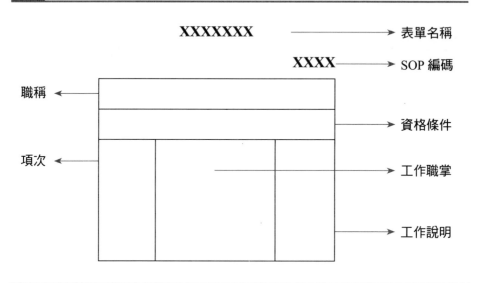

表 11-2　List（表單）

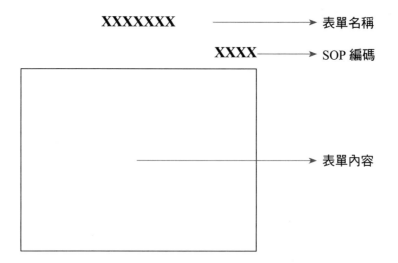

(2) 已定案之文件，需編碼確定公告，如欲修正或更新需標準作業書提案單簽核通過，始能新增或修改。

(3) 修正方式：例如 SOP-(稽核 02)-2007-03-20 信用卡機管理作業標準於 2007 年 5 月 1 日修正，則改編碼 SOP-(稽核 02)-2007-05-01。

(4) 文件標準格式：

① SOP 作業標準書以流程圖方式表示，如圖 11-2 所示。

②標準作業書 (SOP) 提案單，如表 11-3 所示。

③標準作業書 (SOP) 查核報告書，如表 11-4 所示。

④ SOP 範例：商品報廢流程作業標準，如圖 11-3 所示。

3. 文件管制

(1) 電腦內資料文件追蹤管理。

(2) 總公司 SOP 手冊控管更新。

(3) 總公司 SOP 表單控管更新。

(4) 分店 SOP 手冊目錄及內容更新。

4. 訓練、查核

查核方式：由總部派員不定期至各單位抽查

訓練方式：(1) 店經理訓練

(2) 分區授課

(3) 通知

5. 修正更新作業流程，如圖 11-4 所示。

11-2　SOP 作業標準書

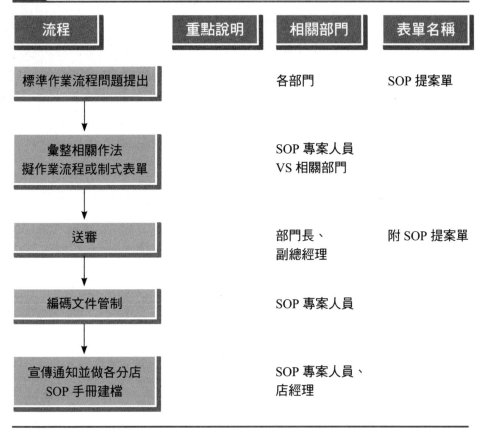

流程	重點說明	相關部門	表單名稱
標準作業流程問題提出		各部門	SOP 提案單
彙整相關作法 擬作業流程或制式表單		SOP 專案人員 VS 相關部門	
送審		部門長、 副總經理	附 SOP 提案單
編碼文件管制		SOP 專案人員	
宣傳通知並做各分店 SOP 手冊建檔		SOP 專案人員、 店經理	

表 11-3 XX 公司標準作業書 (SOP) 提案單

作業流程名稱			
提案方式	·新增　·更新　·刪除		
原 SOP 編碼			
提案人		提案日期	
提案人員：			
審核欄			
(副) 總經理	相關部門主管		SOP 專案

表 11-4　XX 公司標準作業書 (SOP) 查核報告書

抽查人		抽查時間	
抽查作業標準書編號及名稱			

抽查報告 (請註明分店別、抽查對象、結果說明)：

審查欄	
(副) 總經理	SOP 專案主管

11-3 商品報廢流程作業標準

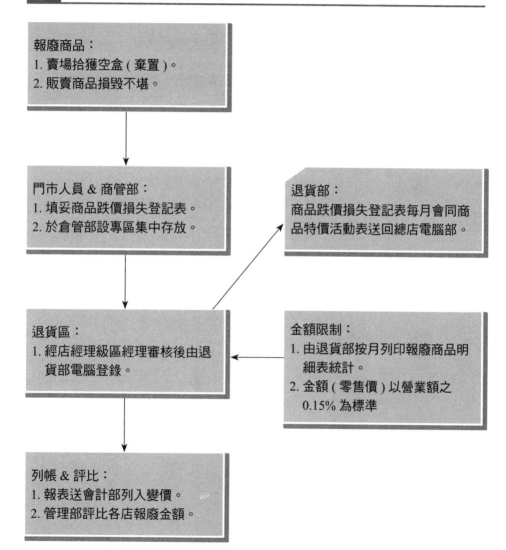

11-4　修正更新作業流程

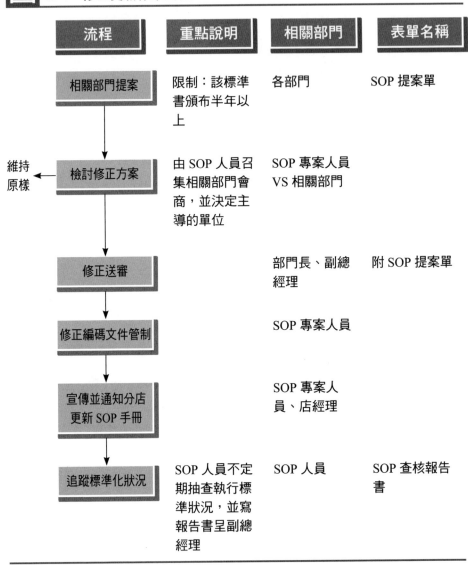

流程	重點說明	相關部門	表單名稱
相關部門提案	限制：該標準書頒布半年以上	各部門	SOP 提案單
檢討修正方案 ← 維持原樣	由 SOP 人員召集相關部門會商，並決定主導的單位	SOP 專案人員 VS 相關部門	
修正送審		部門長、副總經理	附 SOP 提案單
修正編碼文件管制		SOP 專案人員	
宣傳並通知分店更新 SOP 手冊		SOP 專案人員、店經理	
追蹤標準化狀況	SOP 人員不定期抽查執行標準狀況，並寫報告書呈副總經理	SOP 人員	SOP 查核報告書

第二節　訓練計畫

　　訓練系統的另一個基本工作就是完整的訓練計畫。在製作訓練計畫之前，需有一套完善的訓練流程。一般而言，主要的訓練流程會先從需求調查與分析著手。為了因應訓練的需求，而制定相關的訓練計畫，然後再依據暨定的訓練作課程的安排與執行，最後針對訓練後的成果進行績效評估，整個訓練流程如圖 11-5、圖 11-6 所示。

　　訓練是必須有計畫性的，而且要編入年度預算，才能在講師、授課對象、經費等方面作適當的安排及運用。通常零售業在作年度計畫時，有關教育訓練的部分，會做一份年度教育訓練時間計畫表，排定哪幾個月份要排定何種課程、主要講授的對象、訓練地點、師資、訓練方式、時間等，此外還會編列預算表，以利財務單位編入各月費用預算。年度教育訓練時間計畫表、經費預算表如表 11-5、表 11-6 所示。

　　除了編列訓練計劃及預算之外，還必須針對各項訓練提出詳細的企劃提案，以下列舉兩個科目的訓練企劃提案：

一、專案訓練計畫

1. 主旨

台灣零售市場迅速蓬勃發展之際，如何培育優秀幹部已是各公司努力的目標，遂舉辦一系列訓練，以培養基層幹部成為公司未來重要幹部。

2. 目標

(1) 透過訓練，增加幹部對公司的認同感。

(2) 透過課程安排，提升基層幹部的專業知識及工作技巧。

(3) 透過教育訓練，提升幹部的領導能力。

圖 11-5   教育訓練實施流程

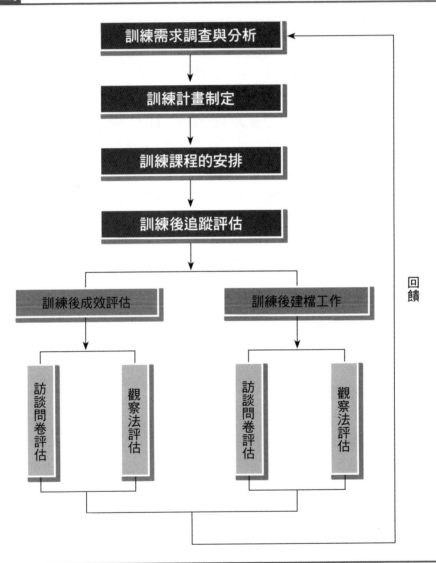

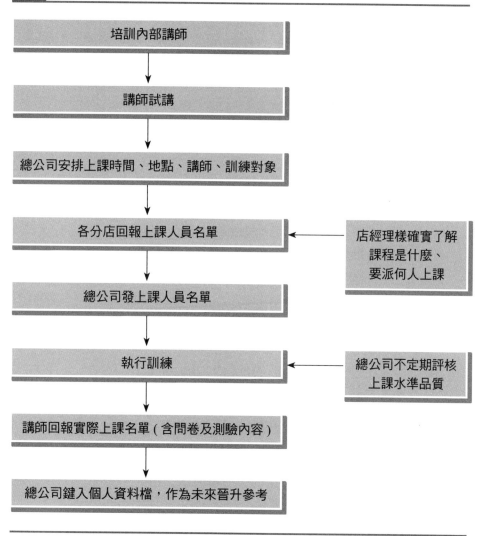

圖 11-6 內部訓練流程

表 11-5　年度教育訓練時間計畫表

年度	月份	訓練主題	訓練內容	預訂主講對象	備註
年度		服務面	列入專案訓練課程		
		趨勢面	服裝流行趨勢講座		
		企業面	百貨流通業之展望		
		文化面	如何經營豐富的人生		
		消費面	南部消費者探討		
		人際面	人際溝通技巧及運用		
		技術面	禮品包裝技巧		
		形象面	如何裝扮自己		
		心理面	如何紓解心理壓力		
		哲學面	命、運、風水漫談		
		稅務面	基本稅務觀念		
		健康面	如何預防慢性疾病		
備註	1. 訓練地點： 2. 訓練方式：以座談方式，邀請講師做面對面授課。 3. 師資來源：年度訓練以外聘講師為主，專案訓練以內部講師為主。 4. 訓練時間：每月依營業狀況作 1~3 堂課之安排，每堂預計 2 小時。 5. 宣導方向：(1) 照會各單位填具報名表。 　　　　　　(2) 請企劃部製作 POP 張貼，以利宣傳。 　　　　　　(3) 歡迎本公司相關企業蒞臨參加。				

表 11-6 年度教育訓練經費預算表

經費明細	預算金額	實付金額	差額	備註
專案教育訓練———	$			以每小時 $ 計
專案教育訓練———				以每小時 $ 計
新進教育訓練———				以每小時 $ 計
定期教育訓練———				以每小時 $ 計
定期教育訓練———				以每小時 $ 計
全年度派外訓練費用				不定期實施
專櫃人員訓練				四月份實施
圖書、錄影帶、雜誌費				
雜項支出				
合計	$			
備註	1. 不定期之派外訓練,另以簽呈呈核批准。 2. 雜項支出包括茶水費、邀請卡、禮品、拍照底片、錄音帶等支出。 3. 擬建議訓練經費分期撥款,以避免支付外聘講師費時有所延誤。			

3. 說明

(1) 主題：基層幹部教育訓練。

(2) 訓練人員：組長及儲備幹部。

(3) 訓練人數：未定。

(4) 訓練時間：依情況決定。

(5) 訓練地點：餐廳。

(6) 課程與講師：

①百貨事業經營趨勢：

- 競爭者分析。
- 百貨業未來發展趨勢。

②商品規劃：

- 商品分類。
- 市場定位。
- 商品配置。

③商品開發：

- 新商品開發與採購。
- 商品採購談判技巧。

④商品管理：

- 商品訂、退貨之管理。
- 商品進銷存控制。
- 貴重商品及舊商品的管理。

⑤商品陳列：

- 商品陳列方法。
- 商品色彩陳列。
- 販促商品陳列方法。

⑥販促實務：

‧販促之目的。

‧販促活動的種類。

‧如何做好販促活動。

⑦營運成本控制：

‧商品狀況控制。

‧績效平衡分析。

‧毛利計算與費用預算。

‧貢獻額之提出與損益表。

⑧座談會：

‧問題解析。

二、新進人員訓練計畫

1. 主旨

透過訓練課程安排，促使新進人員早日認識公司規定及工作的狀況，以提升新進人員素質及對工作的認知。

2. 目標

(1) 透過訓練課程的安排，提升新進人員的專業知識及技巧。

(2) 使學員充分了解工作職責，早日進入工作狀況。

(3) 藉由訓練，使學員充分認識公司觀念，提升員工向心力。

3. 說明

(1) 主題：新進人員訓練。

(2) 參加人員：新進人員。

(3) 訓練人數：依新進人員人數而定。

(4) 訓練時間：依情況而定。

(5) 訓練場地：依情況而定。

(6) 課程與講師：

①認識 XX 公司：

  • 公司的組織與企業文化。

  • 公司人事規章。

  • 未來展望。

②樂在工作：

  • 「服務」的基本觀念。

  • 對自己工作的認知。

  • 建立工作信心的具體作法。

③美姿美儀：

  • 化妝色彩的搭配。

  • 基本服務禮儀。

  • 待客應對的禮儀。

④通識教育：

  • 商品管理要領。

  • 商品陳列要領。

  • 販促活動的意義。

  • 銷售服務的技巧。

零售業訓練課程通常另有總公司辦理及分店自行辦理的項目：

1. 總公司辦理的科目有

  (1) 內部講師培訓。

  (2) 標準課程制定及修正。

  (3) 計畫性定期指定內部講師分區上標準課程。

  (4) 店經理訓練。

  (5) 專題訓練。

(6) 派外訓練統一辦理。

2. 分店自辦的科目有

(1) OJT 訓練。

(2) 朝會訓練。

(3) 分店內部需求課程。

　　規劃零售業相關訓練課程時須掌握一些要領：

1. 課程標準化

　　課程內容必須符合公司的標準作業流程，不能依講師的喜好。

2. 課程實務化 (符合需求)

　　盡量避免開一些理論性的課程。

3. 訓練應與績效結合

　　任何的訓練，應可看到其績效差異。

4. 計畫性安排

　　所有的訓練都必須是在有計畫的情況下執行，包括時間、課程、講師、學員，而不是心血來潮，想辦就辦。

5. 講師培養

　　訓練課程的講師最好是企業內部自行培訓，如此在授課會比較貼近企業內的需求。

　　課程安排方面則需要清楚掌握 4W1H 的要領，即：

1. Who：受訓對象

2. What：上何課程

3. When：何時上課

4. Where：上課地點

5. How：上課的方式

　　課程的執行的方面則須注意下列幾個重點：

1. 場地確認
2. 設施確認
3. 講師確認
4. 教材內容確認
5. 學員通知

　　訓練課程可以職能別或階層別來加以區分，零售業職能別、階層別區分的課程，如表 11-7 所示。列出主管職或非主管職之訓練並明列課程內容，指定每一科目講師及需授課時數及授課方式，教材的準備由誰負責，如此就能建構一套企業內的標準課程。

　　零售業安排的訓練課程繁多，以下僅就部分課程舉例提供參考：

1. 一班課程介紹
   (1) 新進人員訓練
   (2) 門市基本工作訓練
   (3) 收銀服務訓練
   (4) 儲備講師訓練
   (5) 店經理訓練
   (6) 值班主管訓練
2. OJT 項目 (On the job training)
   (1) 促銷活動開始、期間、結束應注意的工作
   (2) 訂貨作業

圖 11-7 營業部職能／階層別訓練課程

		主管				非主管					方法		
	階層別 課程 內容	區督導	店經理	值班主管	部門主管	營業員	收銀員	會計	資料輸入	倉管	講師	時數	教材更新
營業每月例行	區督導 每月課程	●									Candy	1H	Candy
	店經理 每月課程		●								Jack	1H	Jack
	值班主管 每月課程			●							區督導	1H	Joe
主管基本訓練	會議主持			●							區督導	DVD/1H	Joe
	行銷基本 概念			●	●						總店行 銷經理	DVD/2H	Andy
	採購談判 基本概念			●	●						採購 經理	2H	Joe
	領導統御 基本概念			●	●						外訓	2H	Joe
	人力管理 基本課程			●							外訓	2H	Joe
	設備養護 基本課程 (電腦 & 設備)			●	●						總店 後勤	DVD 現 場實演 2H	Jack
	值班巡店 基本課程			●	●						區督導	DVD 現 場實演 2H	Kevin

圖 11-7 營業部職能／階層別訓練課程（續）

課程內容	主管				非主管					方法		
階層別	區督導	店經理	值班主管	部門主管	營業員	收銀員	會計	資料輸入	倉管	講師	時數	教材更新
營業部基本訓練 營業 1-1 新人基本訓練					●					店長	2H	Kevin
營業 1-2 每月部門商品與陳列					●					總店部門採購（每月開課）	現場實演 2H	Jack
營業 2-2 訂貨					●					區/店長	2H	Kevin
營業 3-1 販促活動				●						區/店長	DVD 現場實演 2H	Kevin
營業 3-2 盤點				●						總店	DVD 現場實演 2H	Ken
收銀 & 服務台基本訓練						●				區/店長	DVD 現場實演 2H	Ken
後勤訓練 進退貨基本訓練									●	店長	2H	Joe
會計 & 考勤作業							●			店長	2H	Joe
資料登打								●		店長	2H	Joe

    (3) 基本陳列概念

    (4) POP 的書寫

    (5) 退貨作業

    (6) 收銀作業

    (7) 所屬部門商品了解

    (8) 調撥作業

    (9) 陳列道具認識

    (10) 門市設備操作

3. 營業

    (1) 點貨驗收需注意哪些事項？如果商品與訂單不符合時應如何處理？

    (2) 處理退貨應注意哪些事項？

    (3) 門市報廢商品如何處理及調撥商品？

    (4) 販促活動前中結束應做哪些工作？

    (5) 營業幹部每日每月需掌握的數據有哪些？

    (6) 商品管理最基本的概念為何？

    (7) 客戶大批訂購如何處理？

    (8) 門市盤損原因及預防？

    (9) 訂貨應注意事項；如何避免不缺貨？

4. 總務行政訓練課程

    (1) 遇停電火災應如何？

    (2) 發現竊盜應如何？

    (3) 有公務機關媒體人員應如何？

    (4) 遇搶劫應如何？

    (5) 維修或物品申購程序

    (6) 顧客抱怨處理 (現場、電話、信件)

(7) 商品缺貨顧客應對

5. 收銀訓練課程

(1) 收銀開機時應注意事項？

(2) 信用卡刷卡常犯的錯誤？

(3) 退錢作業如何？

(4) 換貨作業如何？

(5) 作廢發票如何？

(6) 價格刷不出來如何處理？

(7) 發現價格錯誤如何處理？

(8) 下班結帳應注意？常犯的錯誤有？

(9) 顧客一進門警示器就響了

6. 門市基本工作訓練

(1) 商品處理

(2) 商品訂貨

(3) 收銀工作

(4) 清整工作

(5) 倉庫整理

(6) 顧客服務

(7) 設備、機器簡單維護

7. 商品陳列的基本概念訓練

(1) 陳列道具的認識及其用途

①掛勾 (一般、斜珠掛勾、粗掛勾)

②貨架 (一般、檔頭、斜口籃專用底座)

③網架

④L 板

⑤隔板 (墊板)

⑥前檔板

⑦花車

8. 商品品質管理的基本常識訓練

(1) 檢查品質是否異常 (特別是保養品、食品)

(2) 是否有破損、凹罐

(3) 是否有過期 (注意條碼顏色管理及注意商品有效期限)

(4) 進口商品是否有中文標示

(5) 商品是否有灰塵

(6) 條碼是否完整，價格是否正確

(7) 商品 Show 面是否朝顧客

9. 收銀枱人員作業內容訓練要點

(1) 上機前準備工作

①準備所需用品 (如：筆、釘書機、零用金、抹布、驗鈔筆、膠帶、發票等。)

②檢視公告欄的當日特價商品、促銷活動等。

③參加點名、禮儀訓練。

④檢查收銀機價格檔是否正確。

⑤輸入個人密碼進入收銀作業狀態。

⑥核對發票序號是否正確。

⑦將零用金依序放入錢櫃，排放妥當。

⑧準備好購物袋，且保持四周環境清潔。

⑨整理個人服裝儀容 (確認制服、識別名牌、鞋襪是否都合乎公司規定、女姓員工應淡妝)。

(2) 上機時工作事項

①確保結帳的正確性。

②檢查全部商品已放置在收銀台。

③邊刷條碼邊看螢幕並核對商品最好能複誦。

④避免多、漏、錯掃描商品。

⑤確認消磁完全以免造成不必要的誤會。

⑥合理裝袋，重物放下層。

⑦結帳大排長龍時應請求主管協助。

⑧沒有必要時，嚴禁開放收銀機抽屜點鈔。

⑨收銀機內現金過多時應請主管收取投庫。

⑩收銀員暫時離開，需先退出自己密碼。

(3) 下機時工作

①應仔細檢查收齊收銀機內所有現金、相關單據。

②詳填「現金明細表」並確實清機點收現金。

③進行投庫作業。

④如下機時是營業結束，應將收銀機抽屜拉開，以免竊賊入侵時破壞收銀機。

⑤處理顧客放棄結帳之商品。

　　訓練的方式非常多，需因地制宜，視察實際狀況來採行，較能切合實際的需要，一般來說訓練的方式大致有下列幾種：

1. 演講法

2. 實地教導 (實地演練)

3. 視聽式

4. 個案研究

5. 角色扮演法

6. 討論法

7. O. J. T (On the Job Training) 在職訓練

(1) 演講法：就是講師以演說的方式，對學員進行一對多的教授方式，是最傳統的授課方式。

(2) 實地教導：在現場實際的環境作訓練，例如在營業賣場直接教導學員如何作正確的商品陳列，或如何跟供應商訂購商品。

(3) 視聽室：利用電視、影帶或電腦設備，以預先錄製好的教學影片來針對學員作訓練，近年來盛行 e-learning 對連鎖店的遠距教學有很大的幫助。

(4) 個案研究：

商品盤點課程滿意度調查表

> 謝謝您前來參加本次訓練課程，為了將來能夠舉辦更好的教育課程和持續改善，我們竭誠地希望您對這一次課程提供一些意見，以為將來改進的參考。謝謝！

服務單位名稱：＿＿＿＿＿＿＿＿＿＿　姓名／職位名稱：＿＿＿＿＿＿＿＿＿＿＿

課程名稱：＿＿＿＿＿＿＿＿＿＿＿　上課日期：＿＿＿＿＿＿＿＿＿＿＿＿＿＿

一、以下問題是有關此次教育訓練課程之調查，請您依個人看法及認知，在下列問題圈選或勾選。

	不滿意 ← →非常滿意				
01. 講師教學態度熱忱。	1	2	3	4	5
02. 講師教學表達能力良好。	1	2	3	4	5
03. 講師教學方法能提高學員對課程之了解	1	2	3	4	5
04. 課程內容的難易度適當容易吸收。	1	2	3	4	5
05. 課程生動有趣。	1	2	3	4	5
06. 上課場地設備良好。	1	2	3	4	5
07. 上完此課程可以學得實務上適用的知識與技巧。	1	2	3	4	5

	不滿意 ←→非常滿意
08. 上完此課程將幫助我改變對工作的態度。	1　2　3　4　5
09. 對此次課程整體表現。	1　2　3　4　5

◎上完此課程心得感想 / 哪些可運用在工作上？

_____

_____

_____

_____

_____

◎改進或建議事項？

_____

_____

_____

_____

_____

交流時間

請您利用十分鐘時間，給與我們最大的回饋；並紀錄下這堂課，您的收穫是？(只供舉辦單位統計用，不對外公佈)

□自家　　　□廠商

單位：_____　姓名：_____

一、您認為講師的表現如何？

　　□非常好　　□好　　　　□普通□差

二、您認為此堂課的內容如何？

　　□非常好　　□好　　□普通　　□差

三、您認為此堂課對您的幫助如何？
　　□非常好　　□好　　□普通　　□差
四、給您印象最深刻的觀念是

_____

_____

_____

五、本課程的優、缺點是

_____

_____

_____

六、請寫下您的收穫是

_____

_____

_____

誠摯地感謝您的回饋，並祝您 ～～
～～ 以歡欣之心，迎接您的新工作 ～～～

管理部　人事課

教育訓練成效訪談表

本標使用說明：為貫徹訓練轉化效果，分店如有派員參加訓練，於訓練結束後，主管(店經理)應請受訓人員以本表填受訓心得並作簡單訪談，以了解訓練成效。本表於學員受訓後一週內，由訪談主管傳回總公司人力資源部主管審閱存查。

(以下由受訓人員自填)

參加訓練人員姓名		課程名稱	
上課日期時間		講師	
1.本次課程內容重點：			
2.上完課程後，對於自己工作上還有哪些需要加強或改善及預定完成日期？			

訪談主管：＿＿＿＿＿＿＿＿

員工教育訓練考核獎懲辦法

一、本公司為培育人才，提升員工教育訓練之成效，特依人事管理辦法教育訓練細節製訂本辦法。

二、本辦法所指員工係屬自家員工、專櫃員工、員工教育訓練之主辦單位為管理部人事課。

三、員工教育訓練分為：(一) 內部訓練；(二) 派外訓練

四、員工教育訓練部分內部或派外訓練，其成績皆列入當年度考績及獎懲依據；其考核項目、評分標準及獎懲內容如下：

　　(一) 內部訓練

　　　　　1. 出勤狀況…………………60％

　　　　　2. 交流回饋…………………40％

　　(二) 派外教育訓練：

　　　　　1. 出勤狀況…………………50％

　　　　　2. 見習心得報告………………30％ (由主管評分)

　　　　　3. 績效考績………………20％ (由員工評分)

　　(三) 以上二成績，於年度考核時，統一由管理部提出成績，公部門主管及董事長參考。

　　年度成績達 90 分以上者，建議公司予以記嘉獎乙次，以茲鼓勵；未達 60 分者，建議記警告乙次，予以戒惕。

五、專櫃人員訓練之考核獎勵，由本公司客服課統一函發至該專櫃人員之廠商，以供作考核。

六、本辦法經核准後公告實施，其修正時亦同。

連鎖店面臨的問題：

1. 訓練不夠及時：

　　經常需要等待該區域有開課才能上，無法及時學習，解決工作上碰

　　到的疑惑。

2. 訓練時間地點受限：

　　必須要求員工定時、定點且集中上課，影響公司的業務，成本也會
　　增加。

3. 課程無法標準化

Chapter 12
績效考核

績效考核是企業對員工服務一段時間後，對其工作表現的一種評定，除肯定績優員工表現給予獎勵升遷，同時也在惕勵表現不佳的員工。因此，它是企業發展及提升績效不可或缺的管理工具。

第一節　績效考核的重要

一、績效考核

　　績效考核係指考核員工工作成績，以此作為獎懲、升遷、調職等之依據，以及了解評估職員之工作精神與潛力，使其成為訓練發展之參考，並以督促工作及改進其工作為宗旨。績效考核可分為四大類：

　　　1.年中考核
　　　2.年度考核

3. 專案考核

4. 試用考核

二、考核項目之重點

1. 對象：主管人員

(1) 組織與領導

(2) 業務執行

(3) 創新表現

(4) 知識與技能

(5) 操守與品德

(6) 協調與溝通

2. 對象：一般人員

(1) 工作表現

(2) 知識與技能

(3) 操守與品德

(4) 協調作業

(5) 服從指揮

三、考核評比參考：A+～90分以上

A：80～89分

B：70～79分

C：60～69分

D：59分以下

四、影響考核之評比分數

1. 記功、嘉獎、記過

2. 請假 (病假、事假)

3. 遲到、早退、曠職

五、升遷與調職

公司依業務發展需要而訂定績效考核標準結果，作為員工升遷、降職或調職的依據，其統籌作業由公司的人事部門負責，作業程序大致如下：

1. 升遷或調職

依公司業務實際需要產生職缺→人事部門遴選人選 (依考核表及個人職能) →呈報管理委員會審核→最高單位核定→公佈晉升或調任。

2. 降職

基於公司縮編或考核不良者處理。

評估績效最主要需具備幾個步驟，分別是定義工作的績效指標、進行績效評估、績效面談。

1. 在定義工作的績效指標方面，須先透過工作分析，清楚地描述該項工作的內容，進而界定出該項工作的績效指標。

2. 至於進行績效評估該由誰來執行，通常會有上司、同事、考核委員及員工自我考核等。

3. 在作完考核後，需安排與被考核當事人作績效面談，這是交換彼此意見與構想的機會。一方面有助於被考核人修正自我的工作職能表現，進而激發工作潛能；另一方面也可從考核的過程與結果，重新訂定或修正考核方式，使其更切合實際。

第二節　零售業的績效考核

一、績效指標

在零售業的經營管理有關績效考核的方面，通常可分為量化及非量化的兩方面績效指標。

1. 量化指標
    (1) 營業額
    (2) 毛利率
    (3) 盤損率
    (4) 費用率
    (5) 庫存週轉率
    (6) 報廢率

2. 非量化指標
    (1) 陳列
    (2) 清潔
    (3) 設備 (包含燈光、冷氣……)
    (4) 缺貨率
    (5) 通告執行率
    (6) 商品品質
    (7) 顧客服務

量化的指標方向大多屬於財務數據面，通常會在月初由財務部提供上月報表來看數字的達成狀況；而在非量化的指標部分，則通常會由總公司不定期派人，依既定的查核項目到現場作評分的動作。因此，績效考核是否客觀公正，有關考核的指標設定就相對的重要。

二、績效考核

作完績效考核後，要進行考核面談。考核面談時需掌握幾個要點：

1. 事前收集完整的面談資料
2. 對事不對人，勿作人身攻擊
3. 鼓勵受訪者發言
4. 要確保面談的目的能提高下一次的績效

三、每月營業獎勵辦法

1. 暫行試用本獎金辦法，如有更動於次月前提出
2. 獎金內容區分如下：
   (1) 全店獎金：
      ①目標達成獎金：(依店經理簽報之明細表於簽報次月入個人薪資帳)
      評選標準：
      ②目標達成率：每月公告目標達成 100%
      • 績效獎金總額核算：總營業額之千分之一
      • 獎金基數：
      店經理 20，店副理 10，其他幹部 6，非幹部 (含儲幹) 3，PT 0.5
      • 其他扣點：
      制度扣點─分店未按公司標準制度執行者
      表單扣點─分店表單填寫未按公司規定者
      查檢扣點─分店查檢缺乏嚴重
      (註：以上由總公司查檢時開單註明，每點績效獎金總額

　　　　　　扣 200 元，盤損百分比扣獎)

- 總體實發金額 (最高以 7 萬為限)：
  績效獎金總額－其他扣點
- 個人實發獎金：總體實發金額 / 全店獎金總基數
  (註：個人獎金基數：目標達成當月到離職者或未滿三個
  月或工作考核不佳者不列入發放)
  ②陳列競賽獎金 (依節慶需求公告)：作為分店舉辦員工活動
  用

(2) 專櫃達成獎金：目標達成率 100%，專櫃依達成率分店內部評
比，取前 3 名頒發獎金。
第一名：1,000 元抵用券
第二名：800 元抵用券
第三名：500 元抵用券
(第三名之名額依分店專櫃數而定，18 櫃設 1 名，19～24 櫃設
2 名，25～30 櫃設 3 名，31～36 櫃設 4 名)

五、考核範例

職　　稱：總務組長。

基本職能：在公司行政管理政策下，對公司備品預算控制及迅速配發
　　　　　之推行工作。

職責與任務：

1. 負責執行對各單位用品、備品之請領發放。

2. 公司各用度備品預算有效控制。

3. 督促執行用度，備品倉庫之管理。

4. 配合會計部門徹底執行用度，備品定期盤點。

5. 負責用度備品申請訂購。

6. 徹底執行用度，備品、品質檢查、問題檢查、問題缺點，隨時反映行政課長備品採購，督促採購改進。

7. 負責各項公司贈品之保管及請領手續。

8. 針對營業需要調整修改改用度備品之各項制度。

9. 督導管理訓練，考核用度組人員。

組織關係：

報告—行政課長。

監督—用度員。

聯繫—配合各課室單位用度備品請領程序進行。

考核標準：

1. 對本組織工作內各項知識了解能力。

2. 對知道相關組織系統的層次及功能等知識。

3. 能以最短的時間了解公司制度而加以遵守。

4. 對本職工作相關之知識學習做到積極主動的程度。

5. 協助同共同完成工作之積極程度。

6. 協助其他單位工作之態度及意願。

7. 對公司之政策分針及規定有遵守的能力。

8. 對單位主管訓練教育及規定有要求服從的程度。

9. 用餐休假、私人電話、上班遲到、打卡等。

第三篇　習 題

第九章

1. 簡述組織具備哪些共同特點。

2. 試分析各種不同型態組織的優、缺點。

3. 建立組織圖最主要有哪些意義？

第十章

1. 簡述進行工作分析的步驟。

2. 零售業人力資源管理具備哪些特質？

3. 如果你是量販店人力資源經理，現在需招募一批基層幹部，你會如
   何進行？

第十一章

1. 企業內舉辦教育訓練對企業及員工有哪些好處？

2. 簡述製作 SOP 的規範與執行流程。

3. 如果你是 3C 專賣連鎖店的訓練經理，現在要針對第一線銷售人員
   提升服務品質，請提訓練計畫案。

第十二章

1. 一般而言，績效考核就主管人員及一般人員會考量哪些考核重點？

2. 簡述績效評估的步驟。

3. 如果你是一家服飾店的人資主管，請你訂定店經理的績效考核指標
   (KPI)。

4

市場定位與開發

Chapter 13
開店策略的擬訂

零售業在開發新店從決策到正式開店，大致會經過幾個重要的程序，分別是：

1. 開店策略的擬訂
2. 商店設計
4. 開店準備及管理

以下各章將分別就上述內容作說明。

第一節　目標市場選定

在擬訂開店策略之前，須先就市場狀況及本身目標客群的特性及競爭對手的狀況作充分的分析及了解，才能訂出所要開的新店定位。商店開發，應確立目標客層。一般商店並不能服務或吸引整個市場全部的購買者，而且購買者人數眾多，分布各階層，往往有不同的購買習性與要求。因此，如何以自己最佳的條件，去服務某一

特別的市場，就是市場區隔 (Market Segment) 的目的，亦即將商品市場區分成許多不同部分，由其中選擇一個或數個小市場，成為商品銷售的「目標市場」(Target Market)。

一、市場區隔的方法，依區隔變數之不同而有不同的區隔方法。

1. 人口統計變數：

   依性別、年齡、所得、職業、教育水準、家庭組成、宗教、種族、國籍等人口統計變數之不同，將市場劃分成不同之群體。透過這些變數，可以了解此目標市場的大小及如何有效地觸及該市場。

2. 地理變數：

   依不同的地理區域，如國家，省、縣、南部、北部、人口密度、氣候等變數，將市場作不同之區隔。例如北部冬季潮濕、多雲，因此對於烘乾機、除濕機、雨傘和雨衣等需求，就會比較強烈。

3. 購買行為變數：

   依購買時機、購買地點、購買行為決策、時間長短、追求利益、使用狀況、忠誠度……等變數，作不同的市場區隔。

4. 生活型態：

   依消費者對產品的態度，如狂熱、喜歡、無所謂、不喜歡、漠視等，或對於產品價格的敏感性，以及廣告資訊的信賴性等之不同，而成為市場區隔的依據變數。

二、目標市場分類

目標市場對於產品的需求，各有不同。依產品格調高低及種類的多寡，可作下列分類：

13-1 目標市場

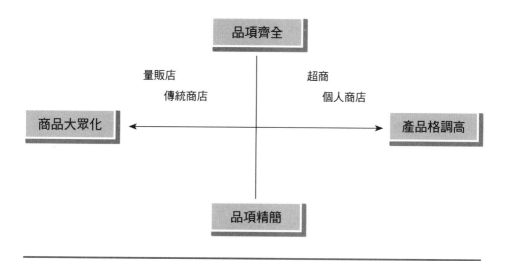

1. 產品格調高，品項齊全的市場。
2. 產品格調大眾化，品項齊全的市場。
3. 產品格調高，品項精簡的市場。
4. 產品格調大眾化，品項精簡的市場。

　　目標市場選定後，商店格調的定位亦當一併解決，如圖 13-1，是隨目標市場之不同，經營體——商店的定位也隨之不同。

第二節　商品種類及產品格調

一、商品種類

　　如果目標市場設定後，就可以依據目標市場之需求，決定商品種

類及產品格調，據以決定商店經營體性質。

例一：

1. 目標市場：

    零售業者、公司、機關行號、追求低價位家庭。

2. 商品種類及格調：

    低價位的大包裝食品、日用品。

    低價位的家電產品。

    低價位的衣服用品。

    低價位的運動器材。

    低價位的文具、玩具。

3. 經營體：

    量販店、如倉庫型商店、超級市場。

例二：

1. 目標市場：

    職業婦女的小家庭、單身者、社區內住戶。

2. 商品種類及格調：

    中低價值的生鮮食品、民生必需品、熟食類食品。

3. 經營體：

    超級市場、迷你超級市場。

例三：

1. 目標市場：

    單身者、青少年、學生、過路客、夜生活者。

2. 商品種類及格調：

    可立即食用的食品、飲料、熟食、休閒性食品、菸酒及便利性商

品，如刊物、民生用品等，價格則採高價策略。

3. 經營體：

便利商店。

二、立地考量

在立地的考量上，展店的失敗通常是因為在一開始就選錯設點的位置，因此在選擇開店時，立地的考量就非常重要，通常有幾個因素列入考量：

1. 是否在交通動線上。
2. 腹地內是否有夠支撐的消費人口數。
3. 是否已構成商圈群聚。
4. 是否有路橋、中央安全島、多線道馬路、鐵路、河川等地理阻礙。
5. 是否有便利的交通網、例如：公車、捷運。

三、競爭對手評估

在商圈內競爭對手的評估上，商圈內如有競爭對手存在，身為一位店長就必須掌握競爭對手的相關情報資訊，並了解競爭對手與我們之間的經營能力差異。

在了解競爭對手與我們之間的經營能力差異方面，可從 SWOT 方面著手，亦即相對於競爭對手，我們具有何種優勢 (Strength)、弱點在哪 (Weakness)、機會 (Opportunity) 及威脅 (Threat) ？有了 SWOT 分析，就可從商品力、服務力、價格力、立地、行銷等幾個構面加入。

掌握競爭對手相關情報資訊方面，則需勤於對競爭對手作市調，市調的內容包含競爭店的時段來客數、競爭店新推出的促銷活動、商

品價格。除此之外，調查內容還有下列幾項：

1. 商圈周邊公共設施及競爭店調查：公共設施之調查如：商圈內百貨公司、學校、工廠、捷運站、公園、辦公大樓等，對於人潮的招徠、來客數的增加，不同營業型態的各商店有不同的群眾來源。而競爭店調查，如其產品線、價格線、經營方向、來客數、客單價等資料蒐集越多越有利。

2. 依流動人潮推估：依商店立地位置、流動人潮多寡，可推估該店經營成功的機會，不同時段的流動人潮調查乘以入店率，可推出來客數及粗估每日營業額。例如：甲店立地每小時流動人潮為 1000 人，其入店率平均為 10%，客單價平均為 200 元，則可粗估甲店每小時營業額為 $1,000 \times 10\% \times 200 = 20,000$ 元。每日營業額粗估 20,000 元 $\times 10$ (排除 2 小時離峰時段) ＝ 20 萬元

3. 該商店人口數、職業、年齡層調查：人口數的調查相當重要的，它可大略估計該商圈是否有該店立足的基本客數。而類似這類的調查資料，可從政府公關的相關資訊或戶政資料取得。

4. 該商圈消費習性、生活習慣調查：從消費習性的調查，也可推估某一形態的商業行為其現有的市場量的大小。

5. 商圈未來發展性之調查：諸如商圈的人口增加、學校、公園、車站的設立、馬路的拓寬、百貨公司、大型賣場、住宅群的興建計畫等。

Chapter 14
市場調查及評估

零售業決定設店營業，必須先評估該地區開設店舖的獲利可行性，以及適合的商店規模及店址。評估開店的可行性，必須有實際的資料、數據作為依據，不能專憑個人的臆測。這種用來作為擬定經營方針、計畫的情報收集、分析工作，就稱為市場調查。美國管理學會對於市場調查所做的定義：「有組織地收蒐集記錄、分析與產品或服務行銷有關的各種問題資料。」

第一節　市場調查

市場調查，應如何著手？是先確定店址所在，再去做市場調查，或先做市場調查，依報告評估再決定店址呢？如果在某一商圈，已有各項評估資料，據以選擇開店地點未嘗不是個好方法；但是，若已有開店地點，再做市場調查，其範圍將更明確。

一、市場調查工作要點

1. 商店概況：

   該地區，店舖數量、行業類別、賣場大小、店員數目、年營業額等。

2. 同業概況：

   在量與質方面，既有的商店表現如何？是否構成潛在的競爭壓力、同業的經營實力評估、優劣比較、各項商品構成比例。

3. 消費行為：

   消費者的購買習慣，如習慣在哪一商店購買或購買商品時可能前往地點的範圍大小；每週購買的頻率、購買的原因，及購買金額的大小等。

4. 消費水準：

   旨在了解消費者購買力的大小，所以對於當地人口結構、所得水準、家庭戶數、教育水準等，應加以蒐集資料，比較分析以了解消費水準及推測未來潛在的消費力。

二、消費型態

顧客消費，因型態之不同，也會影響商店地址之選擇。

1. 理性消費，其特徵：

   (1) 重視品質、產品機能、價格高低。

   (2) 整體而言，著重在產品本身的好壞。

2. 感性消費，其特徵：

   (1) 重視商品的設計、外觀、品牌知名度、使用之方便性。

   (2) 整體而言，是以自己的厭惡觀感，作為商品消費商品的選擇標準。

3. 感動消費，其特徵：

(1) 重視消費者自己的欲望，是否獲得滿足，不管是由消費、使用、擁有、服務等觀點而言，消費者重視自己的各項欲望是否獲得滿足。

(2) 整體而言，消費者是由消費中獲得喜歡與否，以決定選擇標準。

第二節　商圈

一、商圈的定義

是指以店舖座落點為圓心，向外延伸某一距離，並以此距離為半徑，形成一圓形之消費圈。台灣商業的發展與政府的都市計畫有關，且台灣都市規劃是採用住商混合的方式，因此商圈的研究需格外注意。通常商圈的大小是依其業態業種的不同而有所區分。以商店而言，一般以方圓 500 公尺為主商圈，方圓 1000 公尺為次商圈。

1. 商業的型態

(1) 商業區：商業行為集中之區，其特色為商圈大、流動人潮多、熱鬧、各種商店林立。其消費習性具快速、流行、衝動購買及消費金額不低……等特色。

(2) 住宅區：該區戶數多，至少須在 1000 戶以上。住宅區之消費習性為消費群穩定，便利性、親切性、家庭用品 (含食、衣、住、行) 購買率高。

(3) 辦公區：區域內多為辦公大樓，消費族群多為上班族。

(4) 文教區：附近有小學、中學或大學或是有補習街，消費族群多

為學生，以食品及文具用品為大宗，客單價不高。

(5) 住商混合區：有住宅大樓及辦公或金融中心混合存在，是一種多元型的商圈。

2. 商圈種類

商圈包括主要商圈 (Primary Trade Area)、次要商圈 (Secondary Trade Area)、邊緣商圈 (Fringe of Tertiart Trade Area)。

(1) 主要商圈：係指一家商店大約七成的顧客所來自的地理區域。在這區域內，由於這家商店具備易接近性的競爭優勢，足以吸引顧客前往惠顧，而形成非常高的顧客密集度，而且通常不會與競爭者的主要商圈重疊。

(2) 次要商圈：則是指主要商圈再向外延伸的區域，包含大約二成的顧客。一家商店對其次要商圈的顧客仍具有相當的吸引力，但是往往是要與其他競爭者爭取相同的顧客，顧客也視這家為次要的商品選擇，顧客寧可選擇距離較近而其他條件相同的商店。

3. 商圈的大小以業態別來界定

商圈的大小界定須以業態別來界定，例如小型店像便利店，商圈範圍較小通常只有幾百公尺，較大型的例如量販店或購物中心，商圈範圍較大，可跨縣市。

各種商圈型態如下：

(1) 商業區

(2) 住宅區

(3) 辦公區

(4) 文教區

(5) 住商混合區

二、商圈調查

經營者通常會想要了解自己店內消費的顧客來自商圈何處，藉此可透過行銷手法鞏固原有的客源，也可強化開發商圈內客源，至於如何調查自店顧客主要的商圈部分，大致有幾個方法：

1. 顧客調查法：可透過店頭訪談或顧客自填資料的方式，來歸類做出顧客的來源地。
2. 透過會員資料分析：如果有作為會員制的商店，可透過顧客來店消費的會員資料，分析出消費顧客的來源住處。
3. 活動收集資料方式：商店可透過舉辦類似摸彩活動讓顧客留下地址資料，來作顧客來源地分析。

第三節　商店的立地位置

商店的立地位置，會影響顧客前來消費的意願，乃至影響商店經營的成功與否，因此商店店址的選擇非常重要。如果就消費者購物時考量的因素加以分析，就可以發現選擇商店的地址時，不可忽略消費者的期待。

一、消費者購物時考慮因素

1. 距離遠近及時間長短
   離店距離遠近，步行須多少時間，機車、汽車等交通工具費時多少。當然其距離愈近愈好，時間愈短愈好。
2. 購物便利性
   店面的商品是否備齊。消費者所要購買的商品是否一次可購足？消

費者不必多跑其他地方就可買到所要的商品。

3. 商品價格

消費者總希望買到物美價廉的商品，所以價格的大眾化，是每位消費者所期待的。

4. 購物時的選擇性及自由性

消費者期待更多的商品訊息，對於商品也希望有更多比較機會，如果商店能提供更多的商品資訊，及商品種類，消費者通常會樂於上門購物。

5. 消費的舒適與愉快感覺

商店的空間，應寬敞、停車方便，同時商店不僅在販賣商品，其商品的展示效果，讓顧客如同觀光一般能有愉快的感受。

二、商店的立地條件

在考慮消費者的立場後，對於商店的立地條件、分析則是開店不可或缺的過程。例如考慮開店地點的出入人口流量多寡，調查附近相同種類的商店有幾家？營業情形如何？商品的內容怎樣？未來此區域的發展如何等？則是開店前不可忽視的。

商店的立地條件——商店經營最基本應考慮的立地條件，才能掌握商圈的特性。

1. 居住者的條件

商店地點附近的住戶情形必須確實掌握，因為這些商店附近的住戶有可能是我們的基本顧客。所以人口流量的多寡、生活水準的高低、消費習慣、年齡結構層、職業結構、人口增加率等，都是要加以分析，如果掌握得好這些住戶，就是商店的長期顧客。

2. 交通條件

商圈的大小和交通網設施的完善有密切關係。在一般的觀念裡，我們會思考店到店裡會花多少時間，不論是步行也好，坐車也好，如果時間太長，往往會影響前往的意願，所以如果是交通設施發達的地區，因交通工具可縮短時間，距離可能吸引更多的客人前來消費。而如果是交通輻輳中心，則因通行量人潮高，每日所帶來的顧客數量非常可觀，因此交通網的分布、交通工具的便捷，其所承載的旅客均可能是本店的延伸顧客。

3. 吸引力條件

在開店附近的各項設施，如公司行號、文教設施、商業機構、娛樂機構等，如果項目聚集越多，表示該地區吸引人潮的力量大，也就是「集客力」強，因此經常能吸引各種不同的人潮前來，帶來本店流動性的顧客。

第四節　商圈大小的決定

一、商圈大小決定因素

商圈的形狀，不一定是圓形，其大小則受商店經營、商品種類、商店的規模大小、競爭商店有無、交通狀況等的影響。

1. 商店經營型態

若商店提供種類齊全的商品，消費者有更多選擇機會，則相對地其商店的吸引力較大，商圈範圍會更大。若注重促銷手法，其商圈範圍也較大。

2. 商品種類

依商品之不同性質，便利品則商店範圍最小；選購品範圍次之，特殊品的商圈範圍最大。

3. 商店規模

百貨公司、大賣場、購物中心等大規模的商店，相較於小型的便利商店、專門店，當然規模大的商店，其商圈的範圍越大。雷利法則即假設商店設施、商品種類較多的，會吸引顧客前來。

4. 競爭商店

競爭同業多，則相對地商圈範圍較大；但如競爭商店位置愈相背離，則商圈範圍則變小。

5. 交通狀況

如交通網愈密，交通愈便捷，則商圈的範圍愈大。

二、商圈的設定

一般來說有二種方式

1. 地理位置法：即以立地店所在位置為中心，依商圈範圍所考量的因素標出商圈範圍，其所出現的圖樣為不規則形狀，但商圈定義的真實性較高 (如圖 14-1 所示)。

2. 半徑圈法：以立地店所在位置為中心，依所定商圈半徑範圍 (100 公尺、300 公尺或 1000 公尺，可自訂) 圈出商圈範圍，其所出現的圖樣為一圓圈形，這種作法較簡易，但相對的也較不精確 (如圖 14-2 所示)。

14-1 商圈地理位置

圖 14-2　商圈地理位置

商圈半徑圈法：
1. 黑點表示商店所在點
2. 黑線表示商店商圈

第五節　市場調查

　　市場調查就是針對特定的目標商圈，進行了解消費者及競爭店動態的調查行為，其最主要的目的是在獲取消費者需求情報及競爭店的優缺點。在進行市場調查時需掌握幾個重點：

1. 了解消費者的習性
2. 了解欲開的商店與競爭對手在商圈內地理位置
3. 競爭店的相關資料

一、市場調查進行的方法

　　進行市場調查的方法主要有下列幾項：

1. 街頭觀察法
2. 到競爭店內調查
3. 政府機關的統計數據

　　在商圈市場調查上，最傳統的作法就是在街頭作問卷訪問及計算車輛，或人潮流動數。通常會先設計好要詢問的內容，在幾個重要的路口作流動人潮的訪談，並以計數器統計時段內經過的人潮、汽機車數。

二、針對競爭店的市場調查

　　針對競爭店的市場調查須注意以下要點：

1. 競爭店之商品，值得本店參考。
2. 依調查的判斷，競爭店的暢銷商品品類為何？
3. 競爭店、季節商品、促銷重點商品、流行商品推出的種類？商品樣

式？

4. 競爭店陳列的方式為何？陳列道具有何特點？

5. 賣場氣氛與裝飾情形為何？

6. 服務方面有何優點？

7. 競爭店作哪些活動？

Chapter 15
商店設計

商店的設立，其硬體設備一經完成後，整個結構是不易整修更改，唯有在不影響結構體安全下，才能對內部空間加以改變。它的設計，直接影響到營業額，因此在設計時，宜謹慎之，這種整修內部是常見到的。

第一節　商店設計的重要性

一、外觀設計

商店的規模因大小之不同，整個外觀設計也是不同的。以大規模商店為例，其建築有可能是往水平方面發展，也可能是垂直向上設計成為摩天大樓。不管如何，商店外觀本身就是一種宣傳、Mark、Sign。所以在開始構築商店的硬體結構之前，即應思考商店的外觀，俾能成為商店的象徵代表。此外，它還要具有特點，可以成為一種地標，或是一個觀光點。這種特殊外觀建築，

對於商店經營是有正面的意義的。在外觀設計上，應注意的有：

1. 建築的造型

不管是高度，或廣場，或特殊建築風格，都可能是一種觀光點，對商店經營，應有正面的助益。

2. 外觀顏色與裝飾

建築物外觀的顏色，能襯托出整個外觀硬體，尤其裝飾或是霓虹燈、盆栽、飾條，均具有高度強化的宣傳效果。

3. 展示櫥窗

展示櫥窗展示季節商品，也具有美化宣傳效果。

4. 商號招牌使用

商號是商店的一種明確表徵，但本身也是一種藝術圖形。

5. 入口與通道

入口處多寡與通道便捷，能給顧客好的形象。

6. 停車場

停車場之有無、是否容易進入商店，妥善地規劃也是商店外觀設計應注意的。

二、內部設計

商店內部是展示銷售商品的場所，內部的規劃除應考慮商品位置外，還須考慮的重點如下：

1. 地板、牆壁、天花板的材料

商品本身就可以牆壁、天花板作陳列，因此這些場所的材質，應事先考慮。

2. 照明

明亮度本身的差異就是一種展示，透過照明效果，可以達到商品展

示的目的。

3. 陳列設備

注意其陳列方式、陳列高度及商品之展示位置效果。

第二節　賣場規劃

在內部設計方面，有關賣場商品配置與規劃是決定一家商店成功與否的很重要因素，因此在動線規劃及商品配置時不可大意，零售業經營的前提就是選擇地點。有了好的地點可說已成功了一半，但經營之優劣，則端看賣場規劃是否恰當而定。有了完整的賣場規劃，再配合商品計畫之特色，才能獲得高經營績效。

一、賣場規劃原則

完整、明亮、整潔、舒適、有氣氛格調等，都是賣場的規劃要求，因此須特別注意。

1. 光線

依商品的特性給予恰當的配合，通常超市或百貨商品會強調明亮；而服飾店則要求柔和、昏暗，且須以特定的投射燈光營造出格調。光線之優劣也影響商品的表現。

2. 地板、天花板及牆壁

此三者為賣場空間之邊界，其顏色造型、高度、場地和商品的特性須作適合的搭配，對於整體氣氛的塑造亦同時考慮。如：挑高的天花板給人舒適的感覺，太低則有壓迫感；白淨的地板，能帶來清爽的印象；若為黃色，則有倉促意味。牆壁的設計，則端看商品所搭

配的顏色而定，常會造成寬窄不同的視覺效果。

3. 動線

動線是顧客購物的行動路線，通常有主通道、副通道之區別。主通道的作用，就是引導顧客貫穿全場，不可有死角之發生。自入口至結帳台出口，很自然地引導顧客，其寬度通常以 6~8 台尺為佳。而副通道的目的則是讓顧客能深入各分類商品區，亦不能出現死角，且去回能與主通道配合，以免因引導性不佳，而降低顧客之流通率。在副通道之要求上，最窄不小於 3 台尺為佳。但小店舖之寬度則依賣場之需求另定尺寸標準。

4. 賣場的入口、服務寄物台、結帳台、出口，與動線之配合格外重要，賣場是否完整，至為重要，也因賣場的特性而有不同之配置。簡單說，就是要「進得容易，出得方便」，「來過會想再來」是成功賣場的最佳寫照。

二、商品配置

通常依據商品分類沿賣場動線作有系統之規劃。

1. 百貨公司

百貨公司的地下樓通常為超市小吃街，一樓起依序為化妝品、飾品配件、少女裝、淑女裝、男裝、童裝、玩具文具、百貨家電、文化休閒遊樂，其規劃是依商品銷售的種類、關聯性與習慣性，且兼具美觀與氣氛格調之要求。

2. 一般超市

生鮮品是其主力重點，所以都是賣場的起點。超市為了提高每客單價，通常會特別要求商品作關聯性購買，所以其順序為生鮮三品、雜貨、冷凍冷藏食品、速食調理食品、麵食、餅乾糖果、濃縮食

品、嬰兒用品、日用百貨、五金用品。但最近歐美體系的大賣場，卻因賣場特性的差異與販賣方式的不同，而有不同的商品賣場配置，但在關鍵性購買的要求上則趨於一致。

總括而言，商品配置是依分類對客層定位，沿動線做有系統之陳列，考慮的是購買之順序、商品之關聯、方便性、舒適感，甚至製造衝動購買，目的是要提高顧客購買率或客單價。

三、店內配置

在完成動線規劃及商品配置之後，會以平面圖的方式將貨架、倉庫、走道及商品配置的位置標出來，以便檢視該的配置是否合理。經過討論確認後，作出最後的店內配置圖。而這張店內配置圖即可作為幾項工作的參考依據：

1. 店內裝潢、燈光的配置參考
2. 陳列道具數量及樣式的需求
3. 商品訂購進貨品項的參考
4. 陳列上架時的參考

圖 15-1 店內動線及商品配置圖

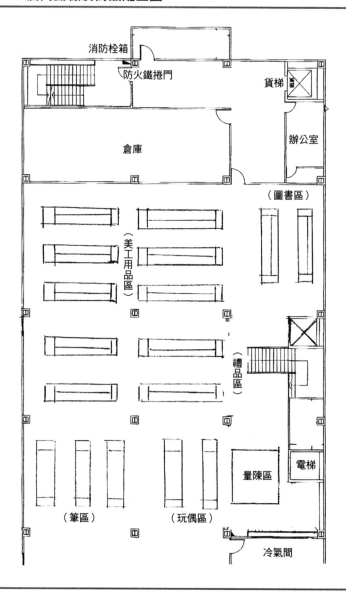

Chapter 16
開店準備及管理

任何的開店計畫，必須有一個完整的公司營運方針與政策，以為經營最高指導原則。有了基本之公司營運方針及政策，還要周詳地列出一套萬全的計畫，作為進行開店的依據，這也是現代零售業經營者在開發新店時必須具備的要件。

第一節　開店計畫

通常開發一家新店大致涵概下述六項計畫：

一、商店定位計畫

商店的選擇，其業種經營方式之定位就顯得十分重要。在準備投入商業經營的行列前，我們必須先了解及檢視，有哪些業種及業態適合去經營。通常商店依經營策略分類時，會視

215

經營政策而定。零售經營政策包括產品、價格、服務、促銷和地點等變數。將這些因素予以組合，零售商可擬定出獨特的經營策略。除此之外，還要確定欲經營之方式。經營方式又依商店所有權規劃可分為：

1. 獨立商店

獨立商店就係指僅擁有一個店面的獨立零售商。這種商店通常都是小型規模且由業主自營，所以資本少。

2. 連鎖商店

連鎖商店是由所有者以集中採購及決策方式，經營數家銷售類似商品的商店。

3. 加盟商店

經銷權商店須向授權者交付權利金，以取得銷售某項產品或勞務的專有權。經銷權售予者則會提供商店有關店址分析、經營技術、訓練、廣告、財務指導和其它諮詢服務。

4. 專櫃經營

通常是百貨公司或專門店，將其店內某部門出租給外界廠商經營（專櫃），由專櫃經營者負責其全部業務，並於其營業額中抽取若干比例，交付公司作為租金。

二、財務計畫

商店營運的目的就是要獲利。通常，損益表的製作便有此一功能，藉由詳列公司之收入與支出科目，便可以獲知公司之營運狀況。對於營運所需資金之收支面亦須有一完整計畫，以便經營資金能做合理的調派與運用。通常，可以將整店的經費分成固定費用與變動費用，或是可控制費用與不可控制費用。可控制費用（變動費用）包含

有人事類費用 (薪資、伙食) 水電費、用度品費 (包裝袋、包裝盒、包裝紙等)、雜項費用與販促費用等。不可控制費用 (固定費用) 則有各項稅捐、租金等。在開店之初，都必須對經費做預估計畫。

三、營業額目標計畫

目標在於營業額預算之設定。通常考量之重點有：

1. 市場商圈狀況

在新設定營業額計畫時，必須考量到市場商圈之現況。除了要了解目前消費者之消費習性與動態、市場上之強勢商品與消費行為等之外，更須掌握商圈內人口數及人口結構。

2. 競爭店或自己之歷史業績

在訂定營業額之計畫上，不妨參考本身過去經營之績效，例如，去年同期之業績等。而同區域競爭店或同產業競爭店之業績亦可考慮。比較競爭店之業績，再回過頭依營業坪數、營業內容來訂定業績，會更有可靠性。

3. 整體經濟景氣情形

對於整體經濟景氣、物價水準都必須有所了解因應。不僅是國內，對於全球之經濟表現，也都要密切注意。對於物價指數之掌握，則有助於定價作業及營業額之訂定。

四、商品計畫

為了達到所設定之營業額目標，商店內銷貨商品的種類及數量都有必要作通盤的規劃。通常，會針對設定的營業目標與商品構成系列的比重加以推算，以找出正確之商品組合。基於滿足目標顧客群的需求，在實際展開採購作業時，為求採購資金之有效運用及商品構成的

平衡性，就必須依據提出之商品計畫，針對設定之商品內容，去進行
採購計畫之排定。

五、人力資源計畫

人力因素是推動商店營運的主要動力，因此，如何有效將人力資
源做合理的運用，進而配合新店發展的考量、實施人員培訓及教育訓
練計畫，並作適當的人員調派，才是開創新店必備的作法。尤其是在
新的市場開發新店，在無知名度的情況下，運用何種方式找到適合的
員工，也是開新店時很重要的一項任務。

六、行銷販促計畫

透過海報、宣傳、郵寄信函、報紙稿等活動傳播媒介或商品特價
活動，來達到吸引消費者的目的，這些都是開新店時為了達到造勢效
果必備的計畫。

第二節　新店址選定

在完成立地商圈評估後，如確認此標的物適合開立新店，則需開
始進行租賃洽談及簽約的動作。一般的租賃合約內容須明確訂定出租
人及承租人雙方的權利義務關係，通常合約內容會包含下列幾大項：

1. 出租人、承租人雙方名稱
2. 承租位址
3. 租賃期間
4. 租金及調整幅度約定、押金約定

5. 轉租約定

6. 使用租賃物之限制

7. 合約中止之約定

8. 交屋約定

　　如果該租賃標的的建物是由承租方負責建構，則就會產生工程承攬合約的問題，一般工程承攬合約內容大致包含下列幾個項目：

1. 工程地點

2. 工程範圍

3. 工程總價

4. 付款辦法

5. 工程期限

6. 工程監督

7. 工地管理

8. 工地驗收

9. 保固期限

10. 逾期罰款

　　開新店的評估報告項目：

1. 標的物：地址

2. 標的物基本資料

　　(1) 基地面積

　　(2) 建物面積

　　(3) 樓層數

　　(4) 完工日期

(5) 使用年數

(6) 都市計畫使用分區

3. 商圈調查及分析

(1) 人口

(2) 交通

(3) 商圈類別

(4) 居民主要購物時間

(5) 居民主要職業：

(6) 商圈內競爭店

(7) 商圈略圖

4. 商圈評估說明

5. 營收預估值

第三節　開新店準備項目

開店之初通常工作繁多、雜亂，為了避免作業疏忽而造成某個環節遺漏，應事先作一檢核表(如表 16-1)，依每項檢核項目一一確認，通常檢核表會依開店時所須具備的項目逐項條列，以利查核。所需查核項目列舉如下：

1. 發票

2. 備品

3. 購物袋

4. 寄物櫃

5. 文具用品

表 **16-1** 開新店各項準備事項檢核表

檢核項目	檢核人確認
（一）總務類	
(1) 發票 (2) 備品 (3) 購物袋 (4) 寄物櫃 (5) 文具用品	
（二）行銷類	
(1) 活動贈品 (2) 店內海報佈置品 (3) DM	
（三）商品類	
(1) 各項商品到貨 (2) 陳列上架 (3) 商品標價是否正確	
（四）工程類	
(1) 水電 (2) 裝修 (3) 櫥櫃進場 (4) 生財器具	
（五）資訊類	
(1) 收銀設備 (2) 後場電腦 (3) 商品資料傳輸 (4) 網路設施	

6. 活動贈品

7. 店內海報佈置品

8. DM

9. 各項商品到貨

10. 陳列上架

11. 商品標價是否正確

12. 水電

13. 裝修

14. 櫥櫃進場

15. 生財器具

16. 收銀設備

17. 後場電腦

18. 商品資料傳輸

19. 網路設施

（附錄）

備 忘 錄

甲方：

乙方：

　　甲、乙雙方茲就 ＿＿＿＿＿＿＿＿＿＿＿＿＿＿＿＿＿＿ 租賃合約
針對部分細節作下列事項約定：

1. 甲方同意提供 ＿＿＿＿＿ 仟瓦用電容量供乙方使用。
2. 甲方同意乙方使用一樓租賃範圍前騎樓用地（如圖）。
3. 租賃期間甲方同意保障乙方下貨通道（如圖）。
4. 租賃期間乙方得自行規劃承租範圍之正面外招牌。
5. 甲方同意提供乙方停車場使用權利（如圖）。

甲方：
負責人：

乙方：
負責人：

中華民國　　　　年　　　　月　　　　日

（附錄）

房屋租賃協議書

甲方：

乙方：

茲經雙方協議訂立租賃預訂契約書

(一) 租賃所在摽的物地址：

(二) 租金 (含稅)

(三) 租期：共　　年

(四) 調幅：

(五) 押租保證金：

(六) 裝修期：

(七) 交屋日：

(八) 訂金：

(九) 其他約定事項：

    (1) 雙方約定於前承租人交屋後，再行簽訂正式之房屋租賃契約書，若甲方無法於前述交屋日予乙方，應無條件返還其訂金。

    (2) 訂金於正式合約時自動抵減押金。

甲方：

負責人：

地址：

電話：

乙方：　　　股份有限公司

負責人：

統一編號：

地址：

電話：

中華民國　　　年　　　月　　　日

(附錄)

租 賃 契 約 書

出租人＿＿＿＿＿＿＿＿(以下簡稱甲方)

立契約書 承租人＿＿＿＿＿股份有限公司 (以下簡稱乙方)

第一條：甲方店位所在地及使用範圍台北市○○路○○號

第二條：租賃期限經雙方洽定為○○年計○○個月，及自民國○○年
　　　　○月○日起自民國○○年○○月○○日止。

第三條：租金

　　　　(一) 每月租金新台幣　　萬元整，雙方約定每期○○個月
　　　　　　　份，乙方不得藉任何理由拖延或拒納。自○○年起每
　　　　　　　年調高百分之五之租金。

　　　　(二) 租金應於簽約時壹次簽發一年期支票交付甲方 (每個
　　　　　　　月壹張) 若期中任何票據無法兌現即視同違約，甲方
　　　　　　　得隨時終止租約。

　　　　(三) 保證金為新台幣　　萬元整於簽約時交付，租賃期滿
　　　　　　　交還店位，乙方繳清費用時，甲方無息交還乙方。

　　　　(四) 本租賃標的含消防及發電機等設備使用權，但設備之
　　　　　　　使用維護及電費均應依區域使用面積比率分攤。

　　　　(五) 甲方提供乙方基本動力電。

第四條：乙方租約期滿前若欲續租，需四個月前徵得甲方同意後安排
　　　　續約手續，若未提前通知，視同放棄續約權利。甲方不願
　　　　繼續出租乙方時，乙方得以保證金扣抵租金。另甲方有權變

更新租約內容並調整租金。甲方如欲出租他人，乙方有權依同一條件優先承租。

第五條：租約期滿或因終止租約遷出，乙方任何遺留之家具雜物貨品視同廢棄物，不待法院執行，任由甲方處理。

第六條：本約有效期間內雙方因法令限制（即甲乙雙方如因行政章規之限制）而有無法繼續租賃之事實，任一方得以存證信函通知他方終止本約；本約自通知日起二個月內即行終止，且以當時租金兩倍之額度作為補償，並於最後十日前完成結算手續。甲方並應將保證金及未到期租金返還給乙方。

第七條：甲方保證應擁有本房屋合法產權，嗣後如甲方之糾紛致乙方無法正常營業或受損害；或本租賃之任一部份遭法院查封或抵押權人行使抵押權，致乙方無權使用租賃物時，乙方得立即終止本約並得請求甲方賠償乙方因而所致之損害（包含律師費用）。

第八條：本約涉訟時，雙方同意以台北地方法院為管轄法院。

　　上開條件均為雙方同意，恐空口無憑，爰立本契約書貳份，各執乙份存執，以昭信守。

出租人：

身分證字號：

住址：

電話：

承租人：

負責人：

統一編號：

住址：

電話：

中華民國　　　　年　　　　月

（附錄）

開店流程標準作業

一、開店計畫

1. 發展部依據「三年中期計畫」並參考往年開店數提出預計開店目標。

2. 發展部應配合編製年度預算，依發展部主管之預計開店目標及可能取得之商圈地點，提報可能開店的地點資料。

3. 店開發人員應隨時蒐集商圈內可能房東資料，並對商圈內可能取得的地點不定期拜訪房東，編製「商圈房東資料」。

4. 店開發人員平日依地區磁點、腹地、基本住戶數、天然及人為阻隔因素劃分商圈編製「商圈調查報告」。

    發展部應編製店數資料，內容包括：

    (1) 部門發展目標

    (2) 公司歷年開店資料

    (3) 三年預計店數總表

    (4) 各區開發順序

    (5) 各區三年開店數計畫

    (6) 前一年度各區開店資料

    (7) 三年預計店數總表

    (8) 強勢、弱勢、機會、威脅之分析 (商圈立地 SWOT 分析)

5. 發展部應將「店數資料」及「各區發展課開店目標計畫表」送總經理室，於年度預算策略會議中提出討論。

二、市場開發作業

1. 開發部開發員應於負責區域訪查具消費潛力的商圈，依據商圈性質、交通動線、據點，腹地、天然或人為阻隔及基本住戶數等因素，劃定預定商圈位置作開店評估報告書。

2. 開發員隨即拜訪店址房東，探詢其出租意願，可出租期間及租金等有關租賃事宜，將訪查結果租金行情、預定點資料、房東資料、訪談紀錄作書面報告。

3. 開發員應定期將預定商圈資料及預定商圈房東資料呈主管核閱，以確認預定商圈之優劣順序。

4. 推展員根據預定潛在商圈資料，不定期訪查商圈消費、交通變化，隨時更正預訂商圈資料，並與目標房東保持密切連繫，建立良好關係。

5. 經洽商房東同意出租店面，並配合年度開店目標計畫，開發員應立即安排開店事宜，其後續作業依開店作業程序辦理。

三、開店作業

1. 開發部開發員於房東允諾，應填寫照會單，註明預約時間、發件時間、測量地點基本資料、位置標示呈主管簽核，送工程部主管核閱。

2. 工程部派按時員赴現場測量繪製平面圖，同時與房東會勘結果，填寫工程協調報告，註明地址、合法及違建面積、其他須協調事項，連同相片配置圖呈核後送交發展課，另通知水電工程廠商查電。

3. 發展部推展員於簽報單呈核期間，應與房東協商裝潢及承租事宜，承租條件大致定案後，填寫店址簽報簽呈，註明地址、租金、押金、租期、付款方式、調幅、違建使用情形，連同工程協調簽呈影本呈主管及營業部主管簽核，送交發展部審核。

4. 發展部審查核可即可通知推展員與房東簽約，但合約有特殊條例則需簽報簽呈送呈總經理核可始可簽約：

(1) 租金超過區域平均行情 15%（含）或平均調幅超過 8%（含）

(2) 押金超過六個月或超過新台幣 100 萬元

(3) 租期少於六年

(4) 重大工程：

①原建築物無鐵捲門

②樓梯需改建或移位

③原建築物結構不良安全堪慮需整建

④原建築物無自來水可供使用

5. 發展部於簽報單審核通過，即通知工程課繪製門市平面圖。

6. 發展課推展員經與房東談妥租約內容，將房屋租賃契約一式二份送呈發展部交法務審核後，依財務管理支票及用印管理作業完成簽約手續，一份正本由發展部存查，並據以申請押金或第一筆租金及建立房東租約基本資料。

7. 發展部將收據支出證明單及房屋租賃契約影本交財務部，依財務管理押金支出作業辦理付款事宜，於收到收據及支票後，由推展員交房東簽收收據，交回發展部存查。

第四篇 習 題

第十三章

1. 開發新店時依市場區隔有哪些變數？

2. 請簡述商圈調查內容。

3. 開發新店在立地的考量方面，有哪些考量因素？

第十四章

1. 何謂商圈？

2. 商圈有哪些型態？

3. 商圈設定有哪兩種方法？

第十五章

1. 賣場規劃時有哪些要注意的原則？

2. 賣場規劃在商品配置方面，百貨公司與一般超市有何差異？

3. 店內配置圖可作開新店時的哪些參考？

第十六章

1. 開一家新店大概涵概哪些計畫？

2. 開一家新店租賃合約大約包含哪些項目？

3. 開一家新店前置準備的物品大約有哪些？

5

商品管理

Chapter 17
商品分類規劃

要讓商品一推出就能馬上迎合消費者的需
求,商品採購人員就需要了解目前流行的
趨勢及消費者消費的習慣,以及對某一類商品
可以接受的價格帶。尤其對於節令或季節性商
品要有極高的敏銳度,如此採購進來的商品才
能有良好的銷售業績;商品毛利如何拿捏、如
何定價;如何與供應商進行談判、商品到賣場
後要如何陳列才能達到加分的效果,這些都是
在商品管理上重要的課題。

本章內容
第一節 商品分類
第二節 商品分類範例

第一節 商品分類

　　大體上我們可以食、衣、住、娛樂、文教
來加以分類。以賣場大,而強調商品齊全的百
貨公司來說,其商品約分類為:

1. 食品 (超市、小吃街)。

2. 男女飾品、化妝保養品、配件。

4. 嬰童百貨。

5. 文具體育用品。

6. 家庭清潔五金用品、日用品、電器用品。

一、分類方法

1. 商品非類的原則

大體而言，會由單品 (Sku) 發展到小分類、中分類、大分類。以髮類用品而言，如果為大分類向下衍生中分類就可分：洗髮類、護法類、染髮類；洗髮類再向下衍生則可分：洗髮精、護髮乳；再向下衍生就是個別的商品。

2. 商品分類貨號

亦可說是商品編號，由於目前經濟部商業司在積極推動商品分類條碼統一，以便商業自動化之推行，因此在商品包裝上印有國際碼 (共 13 碼)，以方便商品統一管理與統計。但沒有印上條碼的商品，則由賣場自編店內碼 (8 碼或 13 碼)，其範例如下：

國際條碼：×××　××××　×××××　×
　　　　　國家　　廠 編　　流水號　　C/D
　　　　　　　　　　　　　　　　　　檢查碼

自編碼：××　×　×　×　×××
　　　　部別　大　中　小　流水號

所以商品之管理與記錄，將以貨號來做區別。

3. 分類的原則與根據

(1) 對象

顧客層的設定與賣場規劃所考慮。

(2) 用途

有關商品組成之關聯性。

(3) 關心度

賣場中商品陳列時,如何表現商品的特色所要考慮之因素。

各種零售業態或各種不同的賣場,其商品分類或許不同,但原則卻是相同。

二、商品分類的目的

1. 商品規劃與賣場配置的方便

在作賣場商品配置規劃時,可依循所訂定的分類原則定義貨架分類。

2. 方便管理

有了商品分類,可大、中、小、小小,分類愈細愈容易管哩,對進銷存貨統計與毛利率之計算依據將更詳盡。

3. 集中陳列

商品到貨時,門市人員可以很容易由商品分類判斷要陳列到哪一座貨架,如此陳列也較集中,對商品的管理也較易掌握。

4. 顧客方便找尋

商品分類陳列得清楚的話,顧客在賣場上購物時,就可以很容易地找到自己所需要的商品,而且在同一分類也可同時比較多種不同的商品。一旦找不到商品詢問服務人員時,服務人員也可以很快地告知顧客是在哪一個貨架,快速引導顧客找到他想要買的商品。

三、商品定位卡

在作完商品分類之後，就要開始作商品的定位，每個商品需有它位置的標示，如此商品才不會隨意亂放。在商品定位完成之後就可以產生檔帳圖，從檔帳圖上就可以清楚了解哪個商品在哪個位子。建立商品定位卡有下列以下功能：

1. 商品定位陳列管理

   確認商品在哪個位置，門市人員在作商品歸位或上架時才能放到正確的位置。

2. 商品管理資訊提供

   在商品定位卡中，門市人員可以了解到此商品是否可退貨，是從哪家供應商訂貨。訂貨的箱入數的資訊，不過隨著科技的發展，PDA的出現，這些資訊已可由條碼掃讀而獲取。

   通常定位卡會提供下列資訊：包含商品的品名、國際條碼、商店店內用條碼、定位卡列印日、供應商代號、此商品是否可以退貨、訂購商品時的箱入數、此商品所歸屬的商品類別。

第二節　商品分類範例

商品的分類方式非常多，需依零售商店個別的需求自己來作定義，以下茲就體育用品、男裝、文具事務用品舉例說明大、中、小分類的商品分類方法：

體育用品分類：

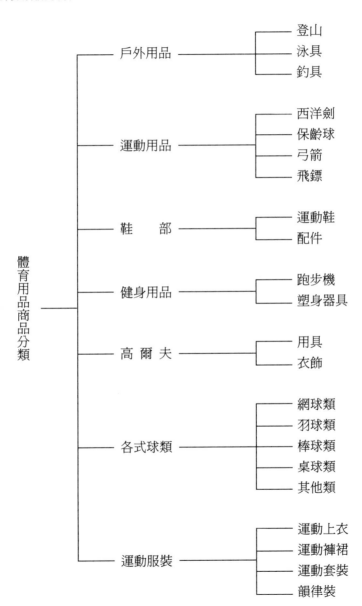

男裝商品分類：

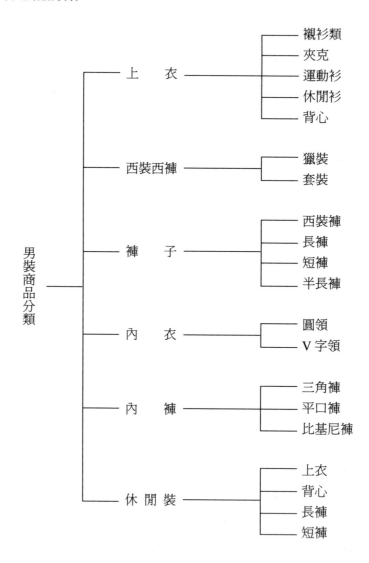

文具、事務用品分類：

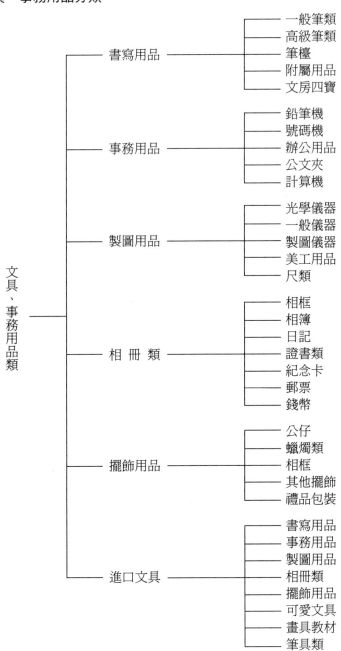

另外一種分類的方式則是以樓層別來分割商品的類別：

樓層商品規劃範例

樓別	營種內容
B1樓	西藥、煙酒、麵包、美食街、禮品區、衛浴用品、家庭五金、生鮮超市
1樓	鮮花、花坊、女鞋、女皮件、飾品、珠寶、化妝品
2樓	女睡衣、女內衣、加大裝、組合裝、淑女裝
3樓	飾品、皮件、流行雜貨、流行女裝、少淑女裝、少女裝
4樓	童寢具、嬰兒品、孕婦裝、女童裝、男童裝、玩具、童鞋
5樓	休閒衫、男香水、男皮件、男配件、男鞋、領帶、襯衫、西服
6樓	海報、CD、運動品、運動鞋、運動裝、青少裝、休閒裝、牛仔裝
7樓	家電、藝品、水晶、瓷器、鍋具、餐具、音響、寢具
8樓	拍賣場、光學、書籍、鐘錶、文具
9樓	遊樂區、點心街

Chapter 18
商品採購

在零售業的經營上，我們可以把商品認定是一個主角。因為不管是用人、設備的應用、賣場的設備、促銷廣告、營運方針等等，都是在配合商品的銷售，進而達到創造利潤的目的。

第一節　採購計畫

商品的採購及開發計畫，在零售策略中是一關鍵性的階段。對成功的零售業者而言，以適當的商品種類與服務來滿足消費者的需求為整個策略的重點。因此，如何有效地推展採購計畫及靈活運用經營資金，及維持適當的存量，對零售業是個相當重要的課題。但零售業者卻往往忽略了採購計畫的重要性。對於自營的商品而言，如何有效地實施採購計畫，實是商店不可或缺的利器。

　　所謂採購計畫，係指由商品採購活動展開至商品進貨、退貨之整個流程作有系統的整合。在採購活動展開的過程，最重要的不外乎是商品敏感度、訂購數量、訂購時機、商品價格等幾個重要的關鍵因素。

1. 商品敏感度

　　依公司銷售計畫、廠商資料、消費者需求及公司庫存狀況，對欲採購商品之種類、品牌、服務等作為商品組成與配置之角色定位考量因素，確認這類商品是否適合本通路。

2. 訂購數量

　　評估銷售量、採購條件、庫存量、採購次數、營運金狀況及進貨費用等等因素，決定出適量的商品。

3. 訂購時機

　　依據過去販賣的經驗，分析出市場上的變動情形、流行趨勢、競爭狀況、廠商配合度，及公司販賣活動行事計畫，選出最恰當的時機，進行採購計畫。

4. 商品價格

　　依販賣價格、進貨條件、競爭條件及利潤政策等因素，決定適切的採購價格。

　　所以在實施採購計畫前，必須把握以上基本方針，以期能有效地展開採購業務。

談判技巧和策略的重要性

　　談判，或有人稱之為協商或交涉，是擔任採購工作最吸引人的部分之一。談判通常是用在金額大的採購上。採購談判一般都誤以為是「討價還價」，但是成功的談判卻是指雙方在買賣的過程中，經過計

畫、檢討及分析，進而達成互相可接受的協議或折衷方案，而這些協議或折衷方案裡包含了所有的條件，而非僅限於價格。

在商品談判技巧方面通常須掌握二個要點：

1. 設定目標

在採購工作上，談判通常有五項目標：

(1) 為相互同意的品質條件商品取得公平而合理的價格。

(2) 為使供應商按合約規定準時執行合約。

(3) 在執行合約的方式上取得某種程度的控制權。

(4) 說服供應商給公司最大的合作。

(5) 與表現好的供應商取得互相與持續的良好關係。

2. 研究有利與不利因素

採購人員應設法先研究與供應商之間的有利與不利因素：

(1) 市場的供應與競爭的狀況。

(2) 廠商價格與品質的優劣或缺點。

(3) 毛利的因素。

(4) 時間的因素。

(5) 相互之間準備工作。

而在商品談判過程，採購人員經常必須談判的項目有下列諸項：

1. 品質	7. 進櫃或進貨應配合事項
2. 包裝	8. 售後服務保證
3. 價格	9. 促銷活動
4. 折扣	10. 廣告贊助
5. 毛利	11. 裝潢費用
6. 付款條件	12. 進貨目標達成獎金

以下僅就品質、售後服務保證、促銷活動、價格及折扣之談判策略，略述於後：

1. 品質

品質的傳統解釋是「好」，或「優良」。對採購人員而言，品質的定義為：「符合買賣雙方所約定的需求或規格就是好品質」，故採購人員應設法了解供應商對本身商品品質的認識或了解程度。一個管理制度較完善的供應商應有下列有關品質的文件：

(1) 產品規格說明書。

(2) 品牌。

(3) 商業上常用的標準。

(4) 內容物、成分、規格

(5) 商品圖樣

(6) 樣品(賣方或買方)

採購人員在談判時，應首先與供應商對商品的品質達成互相同意的品質標準，以避免日後產生糾紛或法律訴訟。

2. 售後服務保證

對於需要售後服務的商品，例如：家電產品、打字機、電腦、手錶、照相機等，採購人員最好在談判時，要求供應商在商品包裝內提供該項商品售後服務資料，以便維修時能直接聯絡。

3. 促銷活動

促銷是銷售的一大武器，在全世界各地都無往不利，但仍須仰賴採購人員選擇正確的商品，以及售價是否能吸引客戶上門。在進貨商品上，除非採購人於無法取得特別的價格，否則通常會在促銷活動之前幾週即停止正常訂單的運作，而刻意多訂購促銷特價的商品，以增加利潤。

4. 價格

採購人員須對公司市場形象及目標顧客群，採購適切之商品及價格。當採購人員在計算其所擬採購的商品，以進價加上合理的毛利後，若判斷該價格無法吸引客戶的購買時，就不該向供應商採購。

5. 折扣

折扣型態通常有新產品引進折扣、數量折扣、付款折扣、促銷折扣、無退或折扣、季節性折扣、經銷折扣等數種。

有些供應商可能會由無折扣做為談判的起點，有經驗的採購人員會引述各種型態的折扣，要求供應商讓步。

第二節　商品採購

在商品採購權責劃分，一般來說可分集中採購及各種營業單位採購二種：

一、集中採購

其採購之商品涵蓋：

1. 季節性之商品 (尤其是季初或季末)。
2. 貨源不穩定之商品。
3. 價格不穩定之商品。
4. 新增加之商品。
5. 供應商無庫存而以訂單生產之商品。
6. 款式、花色、尺碼、材質經常變動之商品。
7. 交貨期限超過 30 天之商品。

8. 供應商數量有限，無法充分供應之商品。

9. 必須以長期採購承諾訂購之商品。

10. 特別促銷之商品 (但永久性訂單之商品除外)。

二、各營業單位續訂之原則

續訂商品原則上偏向於：

1. 較無季節性之商品。

2. 貨源穩定之商品。

3. 價格穩定之商品。

4. 供應商有足夠庫存商品。

5. 交貨期限較短之商品。

6. 永久性訂單之商品。

商品採購的流程一般可分為幾個步驟：

step 1　廠商新品報價

step 2　採購人員與廠商代表談判

step 3　採購人員與廠商確認進貨

step 4　商品建立檔案資料，並確定售價

step 5　採購人員下訂單

step 6　商品進貨到總倉或門市分店

step 7　收貨地點貨驗收

step 8　進行上架陳列

step 9　開始販售

step 10　續訂 (銷售不佳，則作下架淘汰)

在以上的商品循環採購下，採購人員除了要有很高的商品敏感度

之外，對於節慶事件的應景商品也應相當清楚。

以下分別就季節商品、事件商品、節慶商品舉例說明：

季節性商品	
夏季	防曬系列用品、洗面乳、洗手乳、飲料、雨具、遮陽帽、雨陽傘、戲水玩具、瘦身、防蚊液、果凍、飲料、果汁棒、濕紙巾
冬季	身體乳、護唇膏、暖暖包、手套、圍巾、絲巾、衛生衣、毛襪、保溫杯、電暖器
梅雨季 (5~6 月)	雨傘、雨衣、除濕劑
暑假 (7~8 月)	戲水玩具、雨陽傘、防曬系列用品、旅行用品
開學季 (8~9 月)	文具用品(禮盒)、書包、便當盒(袋)、水壺、收納用品、學生襪
畢業季 (5~6) 月	畢業紀念冊、禮品

事件性商品	
寒流	手套、圍巾、絲巾、暖暖包、保溫杯、衛生衣、毛襪
颱風 (7~8) 月	電池、清潔打掃用品、泡麵、餅乾、手電筒、雨傘、雨衣
水荒	礦泉水
流行病	洗手乳、消毒水、口罩

節慶商品	
農曆春節 (1~2 月)	卡片、紅包袋、撲克牌、清潔打掃用品、收納盒、旅行用品、燈籠、拜拜用品、玩具、食品(餅乾、糖果、禮盒)
情人節 (2 月)	巧克力、卡片、彩妝用品、飾品、珠寶、保險套
清明節 (4 月)	掃把、畚箕、礦泉水
母親節 (5 月)	卡片、彩妝用品、飾品、珠寶、保健用品、康乃馨、香水
端午節 (5~6 月)	香包、飲料
七夕情人節 (7~8 月)	巧克力、卡片、彩妝用品、飾品、珠寶、保險套
父親節 (8 月)	卡片、刮鬍刀、皮帶、保健用品、健身器材
中元節 (農 7 月)	食品－糖果、餅乾、仙貝、飲料
教師節 (9 月)	卡片、禮品
中秋節 (9~10 月)	烤肉用品、免洗餐具、防蟲用品、手電筒、電池、拜拜用品
萬聖節 (10 月)	卡片、面具、玩具、驚喜包、糖果、服飾
聖誕節 (12 月)	卡片、聖誕飾品、玩具、聖誕樹、音樂卡帶

　　採購人員除了擔任用品淘汰導入的工作外，也有其量化的具體目標，零售商店的採購人員通常會賦予以下四項目標達成的責任：

1. 達成負責部門毛利率目標
2. 達成負責部門的營業業績目標
3. 出清滯銷品存貨
4. 降低進貨成本

Chapter 19
商品價格政策

零售通路如何在面對競爭及價格力且又不傷毛利之下訂出售價，確是不易之事。價格與成本、毛利之間的關係，及市場競爭是決定售價的基本考慮因素。就通路而言，訂定一個既可達到利潤，又可被消費者所接受的商品價格雙贏政策，確實是一門高深學問。

第一節　價格訂定

現代的商業環境十分的競爭，市面上各型零售店也愈來愈多，其中不乏國際連鎖性的企業。各零售商為了求獲利與生存，其價格競爭的激烈可想而知。

零售商間的競爭，通常會採取降低價格的手段來爭取客源。企業間的競爭則以廣告、促銷、建立優良產品形象、增強服務等許多方式來進行，但彼此間仍會互以降價作為競爭手段，其

激烈程度比零售業還大。

　　價格競爭原因：

1. 供需不平衡，部分供應商或零售商為求生存而降價。
2. 各公司產品在品質、功能、設計的差異愈來愈小，消費者的商品知識愈來愈高，讓僅仰賴產品和促銷競爭的條件不受重視。
3. 流通管道過多，部分零售商利用誘餌價格來吸引消費者購買。
4. 商品生命週期短，而新產品陸續出籠。
5. 供應商的進貨獎勵政策，鼓勵、助長了零售業的廉售，使市場陷於混亂。
6. 部分零售商因為經營不善，為了求取現金，而將庫存商品低價脫手。
7. 消費者對商品價格敏感度愈來愈高。

　　在作商品定價前應先考慮商品的價值與成本，以及市場佔有率及產品生命週期。

一、商品價值

　　商品的價值是指該商品本身所具有的知名度、功能、品質、材料、設計、花色、流行性、新奇性、獨特性、售後服務保證、及購買的便利性等價值的總和。當消費者認知的商品價值大於商品價格，而他也需要此一商品，在他的經濟能力許可之下，此一商品即可能成交。簡言之，如果商品具有的價值被消費者認為物超所值，則必然會被買走，反之則必然乏人問津，即使降價也無濟於事。

二、商品的價格結構

1. 商品的價格結構可以下列公式表示：

商品價格＝生產成本或進口成本＋流通費用

流通費用＝生產商毛利＋批發商毛利＋零售商毛利

2. 如果再細分，則各階段的成本或毛利可以下列公式表示：

生產成本＝材料成本＋人工成本＋間接費用

進口成本＝起案價格 (CIF) ＋關稅＋貨物稅＋通關費用＋配銷費用

生產商毛利＝管理費用＋營業費用＋配銷費用＋利息費用＋稅金＋
淨利

批發商毛利及零售商毛利之結構，與生產商毛利之結構大同小異。

三、價格與成本

價格與成本的關係可簡單地以下列公式表示：

價格＝成本＋毛利 (或加成)

成本＝價格－毛利 (或加成)

毛利 (或加成) ＝價格－成本

毛利 (Gross-Margin) 與加成 (Mark-up) 的不同在於計算，其比率
公式中的分母有所不同：

$$毛利率＝\frac{毛利}{價格}，而$$

$$加成率＝\frac{加成}{成本}$$

以下茲就商品毛利的觀念再進一步說明：

所謂商品毛利也就是商品之售價減去其成本 (含稅) 之差額。

【例】增想胖乳液批發價 1,000/ 瓶，含稅進貨成本 600 元則毛利
　　　 ＝ 400 元

商品毛利率就是 (商品售價－成本)/ 售價。

【例】滑溜溜乳液之毛利率＝ (1,000 － 600)/1,000 ＝ 40%

另外所謂稅內含、稅外加如下：

【例】滑溜溜乳液進貨成本如為 100 元稅外加則發票會打：

　　　　　貨款　1,000

　　　　　稅額　　　50
　　　　　────────

　　　　　　　　1,050　　　則實際成本為 1,050 元

　　　如為稅內，則發票會打：

　　　　　貨款　　950

　　　　　稅額　　　50
　　　　　────────

　　　　　　　　1,000　　　其商品成本則為 1,000 元

如遇有增贈則毛利的算法如下：

【例】滑溜溜乳液進貨成本 1,000 元 (含稅)，進貨條件為 12 搭
　　　 1，則此增想胖成本則為 923.1 元 / 瓶 (1,000×12/13)

另外再以二個案例來說明商品毛利：

1. ABC 餅乾未稅成本 43 元，特價 49 元

　 (1) 毛利多少？

　　　　　　　43×1.05 ＝ 45.15　　　49 － 45.15 ＝ 3.85

(2) 毛利率多少？

$$43 \times 1.05 = 45.15 \qquad \leftarrow 實際成本$$
$$(49 - 45.15)/49 = 7.86\%$$

(3) 如果毛利率要定為 10%，則售價要訂

$$(P - 45.15)/P = 10\% \qquad P = 50.17(元)$$

(4) 如果進或條件為 12 搭 1 毛利率要定為 10%，則售價要訂

$$[P - (45.15 \times 12/13)]/P = 10\% \qquad P = 46.31(元)$$

2. 阿 Q 洗髮精進貨成本 100 元 / 瓶 (含稅) 進貨條件為 10 搭 1 特價 120 元

 (1) 毛利是多少？

$$100 \times 10/11 = 90.91 \qquad 120 - 90.91 = 20.09 \ 元$$

 (2) 毛利率多少？

$$(120 - 90.91.)/120 = 24.24\%$$

 (3) 如果毛利要定為 20% 則售價要訂？

$$(P - 90.91)/P : = 20\% \qquad P = 113.64 \ 元$$

四、生產商毛利

　　由於我們的商品大部分購自國內的生產商，在價格的談判過程中，我們必須更了解生產商的毛利結構，以獲得最佳的採購價格。

　　一般而言，如前述生產的毛利結構，可以下列公式表示：

生產商毛利＝管理費用＋營業費用＋配銷費用＋利息費用＋

稅金＋淨利

在價格的談判過程中，採購人員較能夠下功夫的項目在於「廣告宣傳費」、「促銷費」、「折扣」、「配銷費用」，及「淨利」這幾項。這幾項通常占生產商價格的 20 ～ 30%，採購人員若了解這些價格結構項目，對於價格談判此一重要的工作將會有所助益。

第二節　價格策略

一、不同生命週期的產品

任何商品皆有其生命週期，只是時間長短而已。長則數十年，短則數個月。商品的生命週期包括：引進期、成長期、成熟期、飽和期及衰退期五階段。在不同的階段，其營業利潤可以下圖表示：

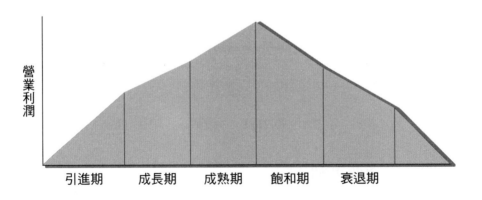

身為採購人員，必須了解其採購的商品是處於哪一階段，進而採取不同的價格策略。

二、不同市場佔有率的商品價格策略

一般而言，市場佔有率分為五個階段，而這五個階段的價格策略都應有所不同：

1. 74% 以上的市場佔有率：

此階段為獨占狀態，在訂價上應絕對採薄利多銷的策略，以求加速商品迴轉，產生利潤。

2. 42% ～ 74% 市場占有率：

此階段為寡占狀態，因此單位利潤也不太可能太多，仍應採取薄利多銷的策略。

3. 26% ～ 42% 市場占有率：

此階段為分散狀態，通常在市場上有激烈的競爭，供應商願以較優惠的價格或其他獎勵方式與批發商或零售商交易，故單位利潤較可確保、排名第一的供應商至少要有此佔有率，才有利可圖。

4. 11% ～ 20% 市場占有率：

此階段為影狀態，要在市場存活，應至少有市佔有率。此種市場佔有率的商品價格自然比分散狀態更有彈性，本公司的採購人員應多加利用大量採購的優勢，取得更好的價格，創造合理的利潤。

5. 7% ～ 11% 市場占有率：

此階段為存在狀態，亦即供應商存在的價值獲得業界的認同，但很難有利潤。雖然如此，我們也應利用其弱點，在折扣、廣告或促銷及配銷費用上，多花一點時間與供應商談判，求取最好的價格。

Chapter 20
商品陳列及管理

　商品除了靠售貨員的推銷外，就得靠陳列來突顯商品的特性。商品陳列的方式有很多種，如何陳列出吸引消費者目光，進而產生興趣及購買的商品，就成為陳列人員追求的目標。

　　商品的銷售除了售貨員的動態銷售外，另一有效的銷售型態即為靜態的商品陳列。藉由商品的展示陳列來吸引顧客駐足於店頭，甚至進入店內，這些消費者由開始對某項商品產生興趣、聯想、欲望，進而產生購買之心理，在在顯示了商品陳列的重要性。零售賣場是一靜態、被動，且講求服務為先的銷售，如何將此被動化為主動，如何不推銷而將顧客吸引住，進而產生購買行動，則有賴商品展示陳列所發揮無形的推銷效果。

第一節　商品陳列

在討論商品陳列基本概念之前，首先我們必須先了解商品陳列有哪些目的？

陳列的目的主要有三：

1. 陳列是為了商品的銷售

讓顧客透過陳列的類型，在最短的時間內選擇需要的商品。

2. 陳列是生活情報的展現

以最快的方式告訴顧客最新流行訊息，服務顧客。

3. 陳列室是司政策的指標

透過陳列，銷售公司政策商品與展現當季流行色彩提案。

陳列方式的整體演出效果，其目的無非是吸引消費者之注視，進而對商品產生興趣或購買。在陳列演出的方式上，大致上可歸列出下列四種：

(1) MP (Merchandise Presentation)：商品陳列

(2) VP (Visual Presentatikon)：視覺演出

(3) PP (Point Presentation)：重點展示

(4) IP (Item Presentation)：單品展示

陳列商品時，也會依商品特性、訴求對象，加以歸類、整理，作一有系統的陳列展示，一般而言會以下列幾種類別歸類陳列。

1. 以使用對象別區分陳列

使用者對象來分類該商品。如：玩具部門分成幼兒玩具、學齡兒童玩具、女孩洋娃娃、男孩汽車、飛機，男裝區又分西裝區、青少年

服裝區。

2. 尺寸設計別

以商品之尺寸大小來陳列，如：鞋子之 S、M、L，內衣之 S、M、L、XL 及加大尺碼，小朋友的襪子則會區分不同年齡尺碼。

3. 顏色層次

將商品的色彩巧妙地運用在陳列上，以刺激顧客購買欲。例如：衣服、手帕、領帶、皮包、鞋子、頭飾……等。

4. 價格別

通常將特價品集中陳列，效果通常不錯。

5. 品類別

按該商品的品類分類來陳列商品。列如：手提包專櫃是以男用公事包、女用皮夾、購物袋、流行包裝……等作分類。

 陳列演出的方式

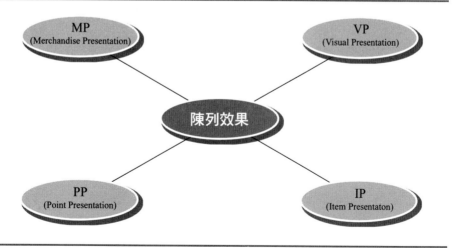

6. 依商品材質

依商品之製造材料來分類。例如：相框就分有銅製、木製、陶瓷、玻璃、塑膠等各種材質。

7. 用途別

如廚房用品之洗、切、烤、煮。

為了達到讓顧客逛街購物時，在商品陳列前能產生興趣進而購買的目的，最主要的關鍵，就是商品的陳列擺設及佈置要能讓顧客一目瞭然，使顧客容易看、易取、易選、易買，如此才能使商品親近顧客，提高交易的機率。

1. 易看

商品之陳列，前提是要讓顧客第一眼就能看到的地方，一般來說，以大量陳列的方式，不僅能增加商品的豐富感，也有助於提高顧客的注意力。在一般的正常貨架陳列最醒目的地方，大約是與眼睛相等的高度。

2. 易選

即是將商品整理分類，讓顧客能自行挑選自己想要的商品，不必詢問門市人員。也就是說，我們將商品依性質、大小、形式、用途、適用對象等作明確分類，並依照顧客購買商品的順序來陳列關聯性商品。除此之外，還須注意下列數點：

(1) 店舖內的商品分類指引板須標示清楚，且吊放在顧客容易看到的地方。

(2) 店舖內商品訂價牌、標示牌的規格應統一標準化，且內容應簡單明瞭；若需特別說明時，再以 POP 加強。

(3) 店舖陳列商品時，亦須注意到商品的深廣度。商品之深廣度是

在於描述商品種類的範圍和種類，就好像是兩度空間的長和寬。

(4) 要盡量避免造成「商品斷層」。「商品斷層」即是在商品的深廣度缺少某種商品，這種缺少會造成顧客的需求無法滿足，影響到銷售。

3. 易取

商品陳列時，須注意陳列的高度和穩定度，不要陳列得太高或太低，而且要盡量的整齊、美觀。

貨架陳列一般可分為兩類，及正常貨架陳列與特殊陳列兩種類型。

1. 正常貨架陳列

做好正常的貨架陳列，要注意幾個要素，陳列面、產品線、POP等。商品陳列須在視線內，要擁有最多的陳列面；同品牌、同類型或同規格的商品集中，品名要永遠面對消費者；不要缺貨，隨時補貨；要容易拿取；一定要使用 POP 的價格標示，並維持整齊、整潔，不能有不良品。

貨架陳列方法：

(1) 貨架上的排列方法主要有：

　　a. 依廠商品牌排列法：每一個廠牌都能分享到與視線等高的位置；創造貨架上各種不同的特色、可以依商品包裝大小作最有效的空間利用。

　　b. 依商品品類排列法：例如衛生棉以日用、夜用、護墊等功能類別陳列。

(2) 運用貨價的插卡

在貨架陳列上配上插卡效果會更好，要善於使用貨架插卡配合

商品陳列,促進銷售增加。

2. 特殊陳列

特殊陳列必須排除於正常貨架陳列之外,另外在適當的位置作陳列,如堆箱陳列、前端陳列、大位陳列、試用品、樣品規格陳列等。

(1) 堆箱陳列要點:陳列位要選擇消費者最常走動的路線;應盡量將所堆的商品全面開箱。並將商品正面對著消費者;除非面積夠大,否則應陳列品牌的主要規格及配方,庫存內應維持大量庫存,堆箱部分應保持滿貨的狀態。

①堆箱的堆法:注意墊底穩固性,可以使用交叉對法,或使用墊箱陳列版,除承重之底箱外,均應割箱陳列,POP 及商品包裝正面均應面對消費者,高度不可過高或過低,要容易拿取。

②割箱酌割法:割箱前要將產品取出,以免割破產品,沿割箱線割開,放入產品陳列;如無割線箱,則自己設計;盡量保留箱外可用的資訊/設計,重複使用已割好的箱子,可以省時、省力。

(2) 端架陳列要點:

選擇消費者最先經過的地段,以主題式方式陳列,商品品項勿過多,唯恐造成焦點不集中。

(3) 主題式陳列:

通常會利用節令期間將相關商品集區陳列,例如:中秋節前夕會將烤肉相關商品,例如:烤肉架、木炭、刷子、醬料、免洗餐具等集區陳列,一則提醒消費者節令商品的需求,一則方便顧客一次買齊。

(4) 樣品、試用品、POP 的運用：

　①透過展示品的佈置，可提高消費者的購買動機。

　②色彩樣品通常類似染劑或指甲油等商品，提供色彩樣品展示，讓消費者看到商品本身的色系。

　③在貨架端通常會有小 POP 輔助，以突出 POP，以突顯商品。

　④試用品，類似香水、乳液等商品，提供消費者試用品；體驗其觸感或味覺，並藉由海報方式輔以某某知名代言人推薦，以提高商品價值。

　　在談商品陳列之前，需先了解商品配置需考慮的原則及商品陳列考量的因素。

　　商品配置設計時，應考慮下列基本原則：

1. 在門市的入口處，應稍加標示 (如製作簡易的平面圖)，讓消費者一進賣場就很清楚各項商品類別所在位置，方便其採購。

2. 相關的貨品必須配置陳列在鄰近的區域。

3. 暢銷的產品必須平均配置在所有的走道上。

4. 設計動線時，必須使每一個走道都能有一些吸引顧客的商品。

5. 主動線走道最少要有 2.5 ～ 4 公尺展示的寬度。

6. 體型的上下基準，男女不同，對男性而言，最適當高度是 85 公分～ 135 公分，女性為 75 公分～ 125 公分。一般的高度，男性是 70 公分～ 145 公分，女性是 60 公分～ 135 公分。比較不方便時，則男性是 60 公分～ 180 公分，女性為 50 公分～ 165 公分間，60 公分或 50 公分以下為倉庫。

7. 若以高度而言，陳列商品之種類則可考慮：

190 公分～天花板：裝飾成色彩。

170 公分～ 190 公分：不感度產品。

150 公分～ 170：低感度產品。

120 公分～ 150 公分：中感度產品。

110 ～ 120 公分：高感度產品。

75 公分～ 110 公分：超感度產品。

地面～ 75 公分：庫存商品。

8. 在最靠近入口處所配置陳列的，必須是迴轉率極高的商品。對自助式的消費者而言，能盡快地開始購買商品是很重要的。

9. 在距離入口處次遠的地方所配置陳列的，應該是能夠吸引顧客視線，而且包裝單位數量不是很大的商品。

10. 日常性消費必須陳列在鄰近的區域。

11. 必須使顧客能夠輕易地辨別動線方向，同樣的原則亦可適用於商品想分類的陳列。

12. 屬衝動性購買的商品，必須配置在主動線走道上，或是靠進主動線走道的地方。

13. 走道的寬度必須能容許兩部手推車交會而過，也就是說，最少要有 1.8 公尺。

第二節　陳列效果

商品陳列為達到其應有的效果，應可慮下列因素：

一、明亮度

指店內不只須保持某個程度的照明亮度，在櫥窗部分、商店內部及展示陳列品周圍，都必須比其他地方明亮而顯眼。有時為了加強效

果，還會加裝投射燈達到聚焦的效果。

二、陳列方式

　　指運用何種陳列方式，創造店內獨特的陳列效果，有時則須依賴陳列道具的輔助運用來達到加分效果。

三、商品屬性

　　因商品之形狀、色彩及價格等不同，適合消費者觀看的陳列方法，也大為不同。就一般原則而言，大致分為：

1. 體積小者在前，大者在後。
2. 色彩晦暗在前，明亮者在後。
3. 價格便宜者在前，昂貴者在後。
4. 季節商品、流行商品在前，一般品在後。

四、高度

　　指就視線所及之處，有效運用眼前易見的部分，從眼睛至胸部的高度是最易接觸的範圍，一般稱之為「黃金陳列區」。

五、商品陳列是否豐富

1. 陳列量感

　　對於季節性商品或暢銷商品，可以採用大量陳列的方式，滿足顧客購買慾望。

2. 配色得宜

　　商品陳列如果配色得宜，就會增添顧客對於商品的豐富印象。由其高級品、流行品須注意配色，有時也可借助燈光的效果輔助。

3. 商品陳列要有相關，商品群連成一氣

將相關商品陳列在一起，顧客對於商品的豐富感受較深。例如烤肉架、烤刷、沾醬等烤肉用品集區陳列。

4. 多樣類似產品讓顧客比較

陳列幾樣多功能商品，讓顧客能在多樣商品當中進行比較、自由選購所需商品的話，就會有商品豐富之感。有鑑於此，就必須具備起碼足供顧客比較評量的品項數量，使商品深度夠深。

5. 陳列立體感

做商品陳列時，如果能夠運用陳列或裝飾技巧，賦予顧客商品立體感和豐富的印象，這種陳列手法對於顧客的吸引力自然大不相同，也可創造商品的價值感。

在執行商品陳列時，有一些基本的要點不得不注意，以下茲就商品陳列基本要點，歸納如下：

1. 每一項商品都有「面」，「面」就是「臉」。陳列時一定要將「面」朝向顧客，以吸引顧客注意力。

2. 商品的分類、配置與陳列，一定要站在顧客的立場去設想。並從顧客的觀點、顧客的便利及顧客的需求，來規劃和「演出」。商品的所在位置，就是要讓消費者能輕易判別。

3. 陳列必須營造出令人心動的氣氛，以表現出商品的價值。

4. 商品應採先入先出法。

5. 商品的陳列面要整理得有愉悅、舒適、親切的感覺，並能激起顧客有禁不住想要伸手觸摸的衝勁。

6. 陳列架務求「豐富」，凡有銷售出去而發生「空缺」時，應隨時補充。

7. 商品堆疊要穩實，以防止掉落或巔巔危危，使顧客不敢去碰取，而降低購買慾望。

8. 要以 POP 來配合陳列，提高集中顧客注意力的效果。

9. 陳列的設計要考慮賣場的整體性，要有韻律感。

10. 陳列也重調和、對比、對稱與比例。

11. 製造出豐富感的陳列，亦稱量感陳列。

12. 商品的利潤與陳列，即對利潤高的商品加強陳列。

13. 製作商品使用的背景和使用的狀態。以現場展示之方式表達商品使用的背景和目前使用狀況。

14. 隔物板的有效使用：

    隔物板有防止商品缺貨及維持陳列面的作用。若沒有隔物板，則難以掌握商品的固定位置，甚至要補充商品時還不知道正確位置。

15. 立體前進陳列：

    目的在使商品能夠讓顧客容易看到。

16. 貼標價牌的重點：

    (1) 位置一致。

    (2) 應標出價格及特價。

    (3) 防止脫落。

17. 貨價的上下分段：

    (1) 上段：

        陳列具有感覺性的商品，以期顧客的注意。

    (2) 黃金段：

        陳列具差別化 (有特色) 的商品、高利潤的主要營業商品。

    (3) 中段：

        陳列價格較便宜，利潤較少，銷量很穩定的商品。

(4) 下段：

週轉率高的商品、體積大的商品、厚重的商品。

18. 引起顧客注目，使賣場豐富變化的方法：

(1) 端架陳列。

(2) 溝槽陳列。

(3) 突出陳列。

19. 集中焦點的陳列：

利用照明、色彩、形狀、裝飾，製造顧客視線集中的地方。

20. 製造出季節感的陳列：

賣場佈置或充滿季節氣氛的陳列。

21. 主角、配角、龍套。商品之定位必須確定，配角、龍套商品則扮演著紅花綠葉之效果，以襯托出主角商品之突出。

22. 商品之陳列規則採由小至大，由左而右、由淺而深，由上而下。

23. 運用色彩功能

(1) 色彩搭配：

人與色彩之關係是不可分的，且深深地被色彩所吸引，所以利用色彩佈置商品，是產生戲劇化視覺衝擊的最佳方式。

「視覺訴求」對銷售促進佔有 90％的影響力。對業者而言，如何利用此視覺訴求來吸引顧客，是商品陳列的一項重點。下面將介紹最常用的色彩搭配型態：

①自然色調：

白、棕、灰、黑等色調均屬之。當這些顏色呈現在一起時，就可以隨心所欲地搭配或組合。

②冷色色調：

綠、藍、紫羅蘭、紫等色調。這些色調只要依據色彩的不同明度與彩度作搭配或組合，即可達到令眼睛感到最舒適

與愉悅的效果。

③暖色色調：

黃、橙、紅褐、紅色等均屬之。這些色彩令人產生了強烈的視覺興奮。這類色調在搭配與組合上，採同色系的使用。

(2) 基本配色原則：

①決定主色：

主色即為最主要的色彩，可以憑自己的喜愛決定某一色為主色。決定主色時，色數不宜過多。

②確立色調：

有了主色，再依色彩的明度、彩度確訂出色調如暖色調、寒色調……等。色調較注重整體的色感，亦即藉著色調來達成整體統一色感。

③選定調和原理：

服裝的配色，其適用的調和原理分為同色調和、異色調和，和無彩色與有彩色的調和。隨著既定的主色與色調，為了達到更進一步的配色效果，必須選定某一種。

第三節　陳列技巧

陳列的技巧非常的多，大致可歸納成下列十點：

1. HOOK（鉤）陳列

對於缺乏立體感的商品或細長的商品，若採取 HOOK（鉤）陳列，則可使其增加立體感，且對普通陳列可增添變化。

2. SLOT（溝狀）陳列

所謂 SLOT，係指一「細長之穴」的意思。將一般陳列之一部分棚架板取下作一縱長之空間，在這裡陳列大量商品，即可賦予陳列變化之方法。

3. 販促之充實

若是自助販賣，對於商品方面也應考慮如何有效地進行販促，特別是讓購物成為一種愉悅的享受是很重要的。

4. 大量陳列

大量陳列也是改變賣場之不可或缺之主要要素，此時穩固之陳列是不可或缺的，若拿取一個，整體便崩落的話，便會導致顧客不敢拿取商品之現象。

5. 島陳列

規模較大之店舖，有效地利用島陳列來改變其氣氛，為其手段之一。但若是空間狹窄之店舖，最好勿使用，因走道過於狹窄，會使顧客感到不便。

6. 利用壁面之陳列

利用壁面配合商品的特色、變化作立體陳列，即可達到強調商店的風格及充實感。

7. 利用柱子之陳列

店面若柱子多，可能導致陳列不便，但若有效地利用，即可改變整個氣氛。

8. 擋頭架陳列

若對擋頭架陳列有進行研究下功夫的話，對顧客來說會充滿樂趣，並延長其停留於店舖之時間。

9. 空間利用

改變賣場之要因之一為空間的利用，柱子、壁面、商品及天花板

之空間善加利用,可以改變創造賣場之氣氛。

10. 其他

其他方法如顏色控制、試吃販賣、POP 廣告等,也可使店內有所變化,特別是 POP 廣告應以情報服務為中心來考慮。

 陳列技巧

第四節　商品管理

　　商品陳列管理，攸關商品的賣相。良好的商品陳列管理對商品是有加分的效果，相反地，未重視商品的陳列管理，將會喪失商品的銷售機會，以下茲就常見的商品陳列管理缺失：

1. 商品散落陳列平台：因顧客挑選，商品往往會掉落，如未勤於整理則會陷於雜亂。

2. 陳列道具與商品混合在一起：如此造成資產浪費外，也造成雜亂。

3. 商品液體外漏：嚴重影響商品品質信賴度，也破壞賣相。

4. 商品置地：易造成商品污損，且陳列感覺不佳。

5. 貨架整齊線不齊：不僅影響消費者的動線，也造成整體賣場觀感不佳。

6. 陳列凌亂：排面未整理，商品凌亂會降低顧客選購意願。

7. 貨架內有雜物：顧客常會將喝完飲料空罐放在貨架。

8. 未用輔助陳列工具：商品多且雜時，應使用隔板或空盒將商品區隔開。

9. 商品髒汙：灰塵易讓商品降低價值，因此應定期擦拭商品。

10. POP 破損：定期應檢查更換破損或褪色之 POP。

　　零售業的陳列管理講求的是創新求變，透過不斷的陳列變化調整，以使消費者保持新鮮感。賣場陳列會在何種狀況作調整的動作？一般而言，賣場會作陳列調整，大致有以下幾種狀況：

1. 商品部通告

　　總部會因引進新商品及品類，或是淘汰較滯銷的商品，而通告分店

作商品上下架陳列排面調整的動作。

2. 促銷檔期變換

每一次的促銷活動都會因商品促銷內容而有不同,所以在變換促銷檔期前,都會作商品陳列的調查,尤其是特價商品區。

3. 換季商品

季節性商品列如夏季的防曬油、冬季的保養乳液在季節更替時,就必須更換商品陳列面,以符合季節性需求。

4. 業績衰退

當業績衰退時,有時候品類的調整也是因應策略之一,當決定作品類或位置調整時,此時商品陳列就必須作適度的調整。

變動陳列排面,往往無較明確的事前評估,及事後分析報告。因此為了節省賣場人力資源,避免變動期間業務損失,及影響顧客購物習性,變動陳列排面應有明確的管理辦法,一般有關陳列排面變動的管理規定,大致會有下列幾項:

(1) 申請變動時機:當中分類之尺度增減或位置移動時。

(2) 申請變動單位:營業及採購。

(3) 申請變動需填寫「排面變動評估分析表」。

(4) 經相關單位簽核後始可變動。

(5) 須於期間內完成。

(6) 2 個月後作變動後業績報告。

零售商店為了讓顧客對商品或活動資訊提高注意力,往往會透過 POP 以圖文的表達來達到訴求的目的。POP 的布置另一方面也可熱鬧賣場氣氛、活絡現場。因此 POP 的管理對一位店經理而言,可以說相當重要。

表　陳列排面變動評估分析表

申請變動部門 ＿＿＿＿＿＿　申請變動期間：＿ 年 ＿ 月 ＿ 日 ---- ＿ 年 ＿ 月 ＿ 日
變動目的：
附件：變動前／後之平面圖

變動之分類	尺數（貨架）		業績		尺效（業績／尺數）		2 個月後變動評估				結果報告—不良改善
	原尺數	變動後	原業績	目標業績	原尺效	目標尺效	實際業績	達成 %	實際尺效	達成 %	

經辦人：＿＿＿＿＿＿＿＿＿＿
營業區長：＿＿＿＿＿＿＿＿＿　採購經理：＿＿＿＿＿＿＿＿＿
總經理室：＿＿＿＿＿＿＿＿＿　總經理：＿＿＿＿＿＿＿＿＿

　　POP 的管理不外乎要掌握使用時機點，POP 內容要提供哪些資訊，提供的資訊是否正確，要貼在哪裡等等。以下便就針對 POP 相關管理需注意事項作介紹。

　　POP 的應用式陳列技巧其中一項手法，POP 會在何種狀況使用？

POP 使用動機通常會有以下幾項：

1. 新品上市

   新品上架時為了吸引消費者的注意，一般會以吊掛 POP 的方式提醒消費者。

2. 特價品衝銷量

   促銷期通常會推出低於市價的特價品，為求吸引消費者目光，往往也會用 POP 來突顯價格的差異，以刺激購買動機，衝高銷售量。

3. 滯銷品出清

   當商品週轉狀況不理想時，為了降低庫存，零售通路通常會作出清的活動，例如降價、買二送一或紅配綠等特價活動，也會透過 POP 來告知顧客相關訊息活動。

POP 應提供哪些資訊？

1. 品名／規格

   應清楚標示產品名稱及規格，例如 205c.c. 或是 350c.c.。

2. 條碼

   應有國際條碼商店內自編碼，以利顧客能輕易對照商品。

3. 特價期間

   特價的起迄時間應詳加註明，以免造成客訴。

4. 原價／特價

   應請楚標示原來的價格以及特價期間的價格。

5. 商品照片

   如能貼上商品照片，讓顧客更加容易辨識。

6. 贈送活動

   如果特價期間有贈送活動，例如「買 ×× 洗髮精送小梳子一支」，須在 POP 上明確告知活動內容。

各式 POP 該陳列在哪裡？

　　POP 陳列的地點須得宜，不然就會變得雜亂無序，失去其效果意義。POP 有幾個陳列點，分別是天花板吊掛、壁面活動告示牌、電梯內、手扶梯側面、大量陳列區、正常貨架商品前、花車前。

POP 常見的問題：

　　POP 妥善的運用會有加分的效果，但相反地，如果 POP 未善盡管理責任，則反而會造成負面效果。因此身為一位零售商店的店長，對於 POP 應落實管理，才能達到應有的效果，最常見的 POP 問題大致有以下幾項：

1. 特價活動已結束，POP 還沒換下，則會造成顧客以為還有特價，等到結帳時才發現價格不一樣，往往會造成顧客抱怨。
2. POP 老舊破損：有些 POP 已老舊破損而未及時更換，往往會造成賣場的形象破壞。
3. POP 內容錯誤：有時 POP 的活動內容包括商品規格、價格、照片或贈品訊息刊登錯誤，往往也會造成顧客投訴。
4. POP 的張貼位置不佳：通常 POP 張貼的位置應選在商品附近適當的位置不宜太高或太低。
5. 選用的 POP 尺寸大小不適合。

　　商品管理的部分，首先就商品管理可分五大類別管理，分別為新產品、暢銷品、高毛利商品、滯銷品及流行品。以下茲就各類商品管理要點說明：

1. 新產品：須注意上架是否明顯，顧客對此類產品的反應，市面上是否有作廣告活動，因為這類的活動會影響商品的銷售，如果沒有注意到訂購量，很容易造成缺貨。

2. **暢銷品**：暢銷品則須注意避免缺貨，以免顧客來店購買時買不到，而造成客訴。除了業績損失外，也會造成顧客的流失。

3. **高毛利商品**：高毛利商品是創造利潤的利器，因此須掌握哪些是高毛利商品。在進行顧客銷售時，應優先主推高毛利商品。

4. **滯銷品**：滯銷品的產生是造成零售業庫存的主要原因，一旦庫存積壓過多，就會造成現金週轉的問題。換言之，獲利都無法變成現金

 POP 作業流程

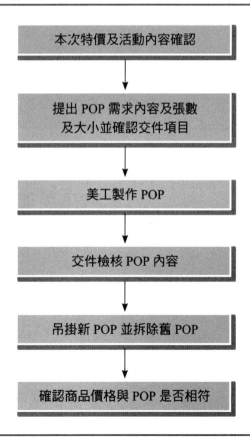

作有效的運用，因此監控並迅速以退貨或特價出清，都是滯銷品管理的替要手法。

5. 流行品：掌握市場的流行趨勢、及時導入流行性商品，才能讓顧客有尋寶的新鮮感，可以提高顧客回店率、穩定忠誠度。

商品日常的管理通常須具備以下檢核點，才能達到品質的確保，提升顧客滿意度：

1. 避免商品灰塵
2. 注意商品是否破損凹罐
3. 商品零件是否缺件
4. 是否有中文標示
5. 商品是否過期
6. 是否有價格標示
7. 價格標示是否清楚
8. 是否有液體外漏現象
9. 是否有被拆封
10. 是否變質或損壞

門市人員在商品管理上，對於有關商品的知識也必須時時自我充實。掌握商品的基本知識，除了可提升顧客服務品質，也能提高銷售成功率。一般而言，有關商品知識的掌握大致有以下幾項：

1. 商品材質、功能、使用方式
2. 商品儲存
3. 商品活動
4. 商品流行動態

第五篇　習題

第十七章

1. 簡述商品分類法。

2. 商品分類的目的。

3. 何謂商品定位卡，其用意為何？

第十八章

1. 簡述決定採購商品過程的幾個重要因素。

2. 採購商品談判過程通常有哪些談判項目？

3. 簡述採購流程。

第十九章

1. 造成商品價格競爭原因有哪些？

2. 何謂商品毛利及毛利率？

3. 商品有哪個幾生命週期？

第二十章

1. 陳列的目的為何？

2. 陳列演出 MP、VP、PP、IP 為何？

3. 商品配置時應考慮的基本原則有哪些？

零售業店舖營運管理

Chapter 21
業績目標與業績管理

零售業經營管理最終目的還是在提升業績、創造獲利。因此業績管理在零售業的經營管理上,可以說是非常重要的一環。談到業績管理,基本上有幾個課題須加以重視。一、業績目標。二、業績管理。以下茲就業績管理的議題分別來加以說明。

第一節　業績目標

一、如何設定業績目標

零售業目標業績的設定通常可以下類幾項區分,分別依時間別、部門別、業績競賽目標。

時間別目標可分年度目標、季目標、月目標。年度目標通常在新年度開始前 10 個月就會開始擬定。季目標則依年度目標再分配各季,並於各季開始前 1 個月確認。月目標則依季目標分配各月,於每月開始前 1 個月確認。不論是年度

業績目標或是季業績目標，或月業績目標，均會由公司高階主管以經營會議或企劃會議的形式來召開制訂。

　　業績目標的訂定方式，可由上而下或由下而上的方式進行，通常高階主管會依今年預定成長的百分比來設定總目標值，在目標的訂定下，才能展開各部門的計畫。

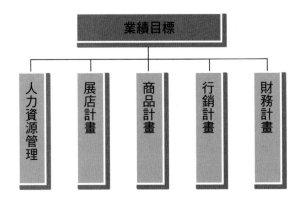

　　而決定業績目標設定時也須參考一些外在的因素條件，例如，商圈的轉移、商圈內的競爭、重大交通工程的施工、行銷事件的影響……等，諸多外在的因素須列入考量，如此才會趨近，讓目標設定更加真實。

二、報表

　　賣場管理者除了賣場商品的控制與管哩，其最終目的就是透過分析營運績效，以作為經營之參考，進而制定出提升業績之對策。通常使用之報表有下列幾大類：

1.營運績效平衡分析表

　　每月將各部別業績填於表中，其功能：

(1) 商品分析。(2) 營業分析。(3) 針對分析結果，與去年及上個月業績比較分析，將坪效 (每一坪之效率) 未達平均標準之部別給予調整檢查，可繼續追求高績效、高成長。

2. 商品狀況報告表

其功能：

(1) 每月計算實際進貨額、提價率、銷貨退回。

(2) 統計販促特價、一般減價、打折。

(3) 提價降價。

以計算實際銷售、毛利、迴轉、存貨。以了解商品毛利貢獻狀況。

三、ABC 分析

1. 在一定期間內，賣場所銷售排名在百分之三十的商品項目佔總銷售量的百分之七十五——A 類。

2. 扣除上述 A 類商品 (佔營業額 75%) 後，在賣場經營 75% ～ 95% 所賣出的商品項目——B 類。

3. 扣除 A 類、B 類商品項目，賣場還陳列很多商品，但這些商品只佔營業額的 5%，此商品項目——C 類。

4. C 類的商品必須提出檢討改善，或列為淘汰目標，由新產品取代。

　　從業務的管理角度來看數據的管理，首先要有目標導向的概念。業績目標的設定可從 2 個構面來建構，一個是部門別，一個則是分店別。分店別業績目標則是由各營業部門業績目標加總累計而成，而各店的同一部門加總之累計目標則為部門別業績目標，通常也是採購部門人員的業績目標，而區域分店的單店業績目標加總後，就成為區業績目標。(如表 21-1 業績目標表)

　　在完成目標業績設定後，店主管就必須依當月既定的業績目標來

擬定週目標及執行計畫，以確保能落實目標的達成。每週也依此檢核表看目標達成狀況，適時調整行動方案。(如表 21-2 業績管理預警檢核表)

　　針對分店對目標的達成狀況需給予追蹤檢討或獎勵，通常也會以分店或個人的角度來進行。(如表 21-3、表 21-4)

四、商品 ABC 分析

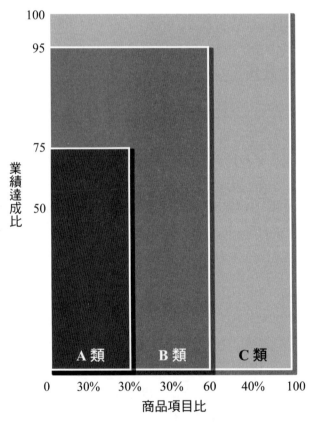

註：此項 ABC 分析，會因公司經營型態或商品種類不同，其
　　A、B、C 類 % 比例也不同

商品名	銷售額	業績構成比	累積構成比	佔比
a	2,500	41.67	41.67	
b	1,300	21.67	63.34	A 級 75%
c	700	11.67	75.0	
d	500	8.3	83.3	
e	30	5.0	88.3	B 級 20%
f	220	3.7	92.0	
g	180	3.0	95.0	
h	150	2.5	97.5	C 級 5%
i	150	2.5	100.0	
合計	6,000	100.0	100.0	

商品銷售分級	銷售狀況	業績佔比
A 級	暢銷	依銷售排行榜，排在該商品分類銷售業績佔比前 75% 的商品屬之
B 級	中等	依銷售排行榜，排在該商品分類銷售業績佔比前 75%~95% 之間的商品
C 級	差	依銷售排行榜，排在該商品分類銷售業績佔比前 95%~100% 之間的商品

表 21-1 百貨月份業績目標表

部門	高雄區					台南區				總計
	A店	B店	C店		小計	D店	E店		小計	
1										
2										
3										
4										
5										
6										
7										
8										
9										
10										
11										
12										
13										
14										
合計										

部門別業績目標

分店別業績目標　　　分區業績目標

表 **21-2** 業績管理預警檢核表

單位： 月份： 月目標：

週別	第一週	第二週	第三週	第四週	第五週	合計
期　間　別						
預估達成						
原　計　畫 工作重點						
修正目標						
增補活動						
預計增加						
實際達成						
檢　　　討						

註 1. 每週終止日為週六

註 2. 單位：萬元

表 21-3 ＿＿年＿＿月分店營業狀況暨獎勵報告

	來客數	客單價	專櫃業績	自營業績	全店業績	全店目標	達成率	評鑑級數	獎勵
A 店									
B 店									
C 店									
D 店									
E 店									
F 店									
G 店									
H 店									
I 店									
J 店									
K 店									

副總經理：＿＿＿＿＿＿＿＿＿　　制　表：＿＿＿＿＿＿＿＿＿

會財會部：＿＿＿＿＿＿＿＿＿

表 21-4 百貨店經理 年度個人績效表

(1月)				(2月)				(3月)				(4月)			
店經理姓名	店別	級數	達成率	店經理姓名	店別	級數	達成率	店經理姓名	店別	級數	達成率	店經理姓名	店別	級數	達成率
1				1				1				1			
2				2				2				2			
3				3				3				3			
4				4				4				4			
5				5				5				5			
6				6				6				6			
7				7				7				7			
8				8				8				8			
9				9				9				9			
10				10				10				10			
11				11				11				11			
12				12				12				12			
13				13				13				13			
14				14				14				14			

第二節　業績管理

一、專櫃

如果是屬於專櫃性質的業績管理，則需要以櫃別來做區分，最好能以競賽排名的方式來進行，以達到激勵的效果。主要填表內容包括櫃名、本月及上月的目標業績及實際業績、達成率及名次，並需備註是否有促銷或發表會，因為這些都會影響業績(如表21-5)。此外各櫃也應設立每月業績報表，以要求駐櫃人員能充分掌握每天的成交及業績動態。期間業績不如預期時，管理人員須會同駐櫃人員討論問題及對策(如表21-6)。除了業績之外，主管人員對於專櫃的坪效貢獻也應掌握，其中涵概的數據包括營業員、抽成數及該櫃所佔的坪數(如表21-7)。

二、特賣活動

除了業績數據透過報表來監控管理之外，為了達成階段性業績目標，有時也會透過單品的特賣活動來衝高業績。因此單品特賣銷售量的管理，也是業績管理非常重要的議題。促銷商銷售追蹤管理可作到每日的銷量追蹤，當日銷不如預期時應考慮調整策略，另外可從單店各商品追蹤的角度來進行管理(如表21-8)，也可從單一商品不同分店的角度來進行管理(如表21-9)。從不同分店的角度針對同一商品來監控銷量，有時也可由店與店的單品銷售競賽來刺激業績。

表 **21-5** 分店專櫃業績目標達成狀況報告表

填表人：＿＿＿＿＿＿＿＿＿　　　分店別：＿＿＿＿＿＿＿＿＿　　　＿＿＿年＿＿＿月

櫃名	本月目標	本月實際	達成率	名次	去年實際	上月實際	下月目標	備註（下月有櫃促，發表會……等活動請註明）

表 21-6 百貨_____專櫃每日業績報表 _____年_____月份

日期 (星期)	每日 目標 (1)	每日 實績 (2)	達成率 (3)=(2)/(1)	成交 筆數 (4)	平均客單 (5)=(2)/(4)	備註 (晴.雨.活動)	簽名
1 ( )							
2 ( )							
3 ( )							
4 ( )							
5 ( )							
6 ( )							
7 ( )							
8 ( )							
9 ( )							
10 ( )							
11 ( )							
12 ( )							
13 ( )							
14 ( )							
15 ( )							
16 ( )							
17 ( )							
18 ( )							
19 ( )							
20 ( )							
21 ( )							
22 ( )							
23 ( )							
24 ( )							
25 ( )							
26 ( )							
27 ( )							
28 ( )							
29 ( )							
30 ( )							
31 ( )							
合計				主管查核簽名：			

表 **21-7** 百貨年月份專櫃績效報表

樓別	專櫃名稱	營業額 (A)	抽成率 (B)	毛利額 (C)=(A)*(B)	坪數 (D)	專櫃貢獻度 (E)=(C)/(D)	庫存值 (F)	回轉率 (G)=(F)/(A)

表 21-8 連鎖店 月份 促銷商品銷售追蹤表（單店）

分店：_____　　　部門：_____

項目內容 \ 日期	1	2	3	4	5	6	7	8	9	10	11	12	13	14	15	16	17	18	19	20	21	22	23	24	25	26	27	28	29	30	31
星期																															
A 商品																															
B 商品																															
C 商品																															
D 商品																															
E 商品																															

表 **21-9** 連鎖店　　　月份　　　促銷商品銷售追蹤表（單品）

商品：*************　　　條碼：12345678

項目內容 \ 日期 星期	1	2	3	4	5	6	7	8	9	10	11	12	13	14	15	16	17	18	19	20	21	22	23	24	25	26	27	28	29	30	31	
A店																																
B店																																
C店																																
D店																																
E店																																
	1	2	3	4	5	6	7	8	9	10	11	12	13	14	15	16	17	18	19	20	21	22	23	24	25	26	27	28	29	30	31	

三、業績報表

業績報表的分析可分為數種模式，一般來說可有下列幾種方式：

(1) 目標與實際達成比、實際業績與去年同期比較、實際業績與上月業績比較 (如表 21-10、21-11)。這類的分析表報會以長條圖來輔助突顯達成或成長衰退之情況。

(2) 各月營業額 / 來客數 / 客單價與去年同期比 (如表 21-12)，這類報表通常會以折線圖來輔助判斷發展趨勢。

(3) 毛利額監控 (如表 21-13)。

表 21-10　連鎖店　　年　　月份單月全公司業績分析報表

分店別	A	B	C	D	E	F	G	H	I	全公司
今年目標	1000	800	600	2400	1200	1100	1300	1400	1500	11300
今年實績	500	800	750	2050	1250	1500	900	1400	1900	11050
目標達成率	0.5	1	1.25	0.854	1.04	1.3636	0.692	1	1.267	0.9779
去年業績	500	900	600	2000	1000	1000	1200	1300	1250	9750
上月業績	800	850	700	2350	900	1200	1000	1400	1600	10800

* 業績分析：

1. 目標與實績比較

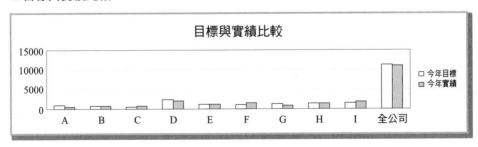

表 21-10　連鎖店　　年　　月份單月全公司業績分析報表 (續)

2. 與去年同期比成長率

A	B	C	D	E	F	G	H	I	全公司
0	-0.1	0.25	0.025	0.25	0.5	-0.25	0.08	0.52	0.1333

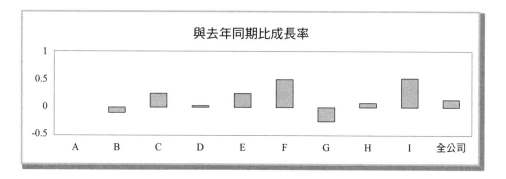

3. 與上月比成長率

A	B	C	D	E	F	G	H	I	全公司
-0.38	-0.1	0.071	-0.13	0.39	0.25	-0.1	0	0.188	0.0231

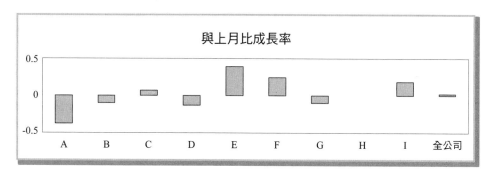

表 21-11 百貨 年 月份 分店營業分析－業績

單位：千元

部門 （業績分析）	自營	專櫃	K01	K02	K03	K04	K05	K06	K07	K08
今年目標	550	800	600	1950	10000	500	700	600	400	500
今年實績	500	750	750	2000	900	600	540	650	430	590
目標達成率	0.909	0.94	1.3	1.026	0.09	1.2	0.77	1.083	1.075	1.18
去年業績	500	900	600	2000	11000	500	690	590	390	450
上月業績	800	850	700	2350	10000	600	700	600	420	510

* 業績分析：

1. 目標與實績比較

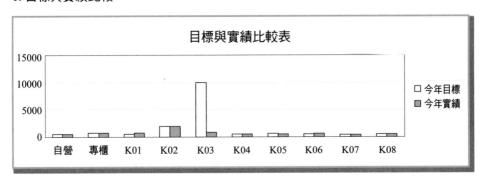

2. 與去年同期比成長率

自營	專櫃	K01	K02	K03	K04	K05	K06	K07	K08
0	-0.17	0.3	0	-0.92	0.2	-0.22	0.102	0.103	0.311

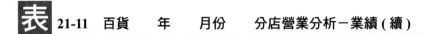
表 21-11 百貨 年 月份 分店營業分析－業績 (續)

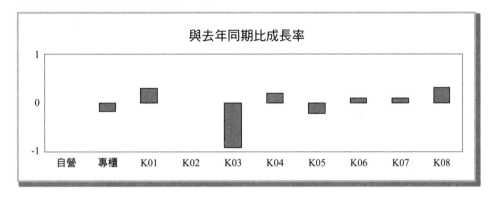

3. 與上月比成長率

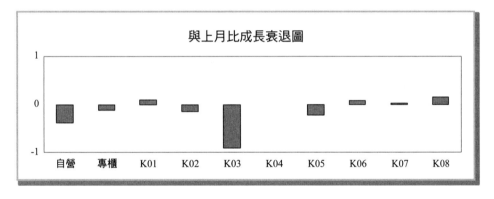

表 21-12 連鎖店 分店營業分析

	1月	2月	3月	4月	5月	6月	7月	8月	9月	10月	11月	12月
2007年總業績	20000000	25000000	26000000	25500000	23000000							
2008年總業績	15000000	24000000	26500000	26000000	19000000							

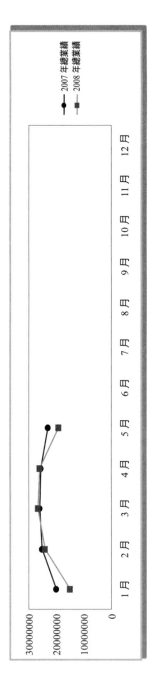

	1月	2月	3月	4月	5月	6月	7月	8月	9月	10月	11月	12月
2007年來客數	50000	54000	56000	55000	54500							
2008年來客數	48000	50000	55000	4900	5000							

表 **21-12** 連鎖店 分店營業分析（續）

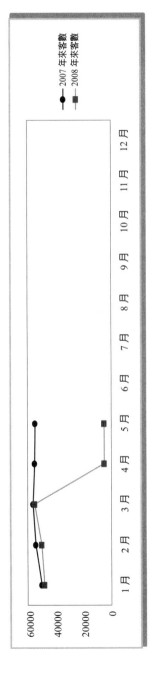

	1月	2月	3月	4月	5月	6月	7月	8月	9月	10月	11月	12月
2007 年客單價	500	550	540	560	555							
2008 年客單價	600	660	545	550	560							

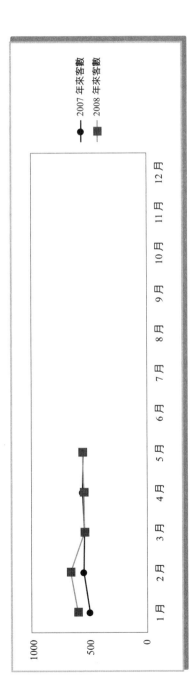

表 21-13 百貨 年 月份 分店營業分析－毛利

單位：千元

部門 （毛利分析）	自營	專櫃	K01	K02	K03	K04	K05	K06	K07	K08
今年毛利目標	200	80	80	100	30	45	40	56	65	32
今年毛利實績	180	100	75	120	25	46	33	43	61	50
毛利目標達成率	0.9	1.25	0.94	1.2	0.83	1.02	0.83	0.8	0.94	1.56
去年毛利實績	300	90	60	100	21	44	38	45	60	33
上月毛利實績	210	88	66	100	22	45	40	46	61	54

* **毛利分析：**

1. 目標與實績比較

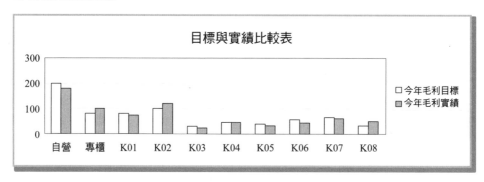

2. 與去年同期比成長率

自營	專櫃	K01	K02	K03	K04	K05	K06	K07	K08
-0.4	0.111	0.25	0.2	0.19	0.05	-0.1	0	0.02	0.52

表 21-13　百貨　　年　　月份　　分店營業分析－毛利 (續)

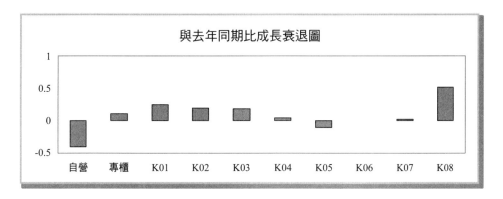

3. 與上月比成長率

自營	專櫃	K01	K02	K03	K04	K05	K06	K07	K08
-0.143	0.136	0.14	0.2	0.14	0.02	-0.2	-0.1	0	-0.1

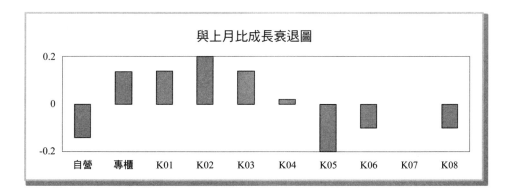

四、業績的改善

　　做完業績及毛利的報表分析後，重要的是如何從報表分析的數據去作業績或毛利的改善。思考零售業業績的主要來源來自於來客數及客單價，而毛利的主要來源則是業績及毛利率，因此要改善業績或毛利，就必須從這幾個來源思考著手。

1. 提高來客數

　常見的作法有：

　(1) 開發新客源

　(2) 吸引老顧客回店

　(3) 提高老顧客回店頻率

　上述的作法通常會透過店內促銷，贈品活動透過廣宣來達到效果。

2. 提高客單價

　(1) 加強面銷能力

　(2) 商品保持不缺貨

　(3) 強化商品陳列美感

3. 商品毛利的提升，則通常會透過強化高毛利商品的推薦，及控管低毛利商品的跌價損失來達成目的。

專櫃管理分析參考表

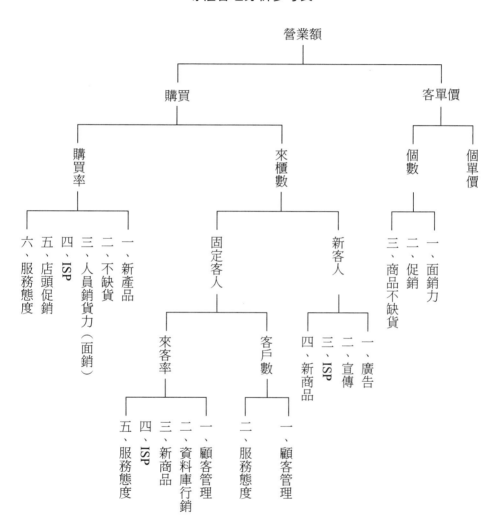

Chapter 22
分店財務管理

經由會計、財務報表的分析，可明瞭整個企業的資金運轉、經營結果。會計財務的管理同時具有了控制、稽核的功能。

第一節　管理報表

　　零售業與其他行業不同的是，零售業的銷售對象為最終的消費者，交易方式大部分是現金交易，故其現金收支管理、存貨和內部控制，都疏忽不得。透過會計制度，將經營活動之結果顯現於財務報表上，讓企業明瞭財務狀況，經營狀況和現金流量的情形，作為內部控制及管理目標的依憑。對外界而言，財務報表可供評估、分析企業之財務狀況及經營結果。

　　業者可利用年度營業毛利、費用及收入預算與實際統計表，來分析及評估作為下年度經營管理的方向。此表在性質上與損益表類似，對經營

　　者而言，透過此表，可更清楚地明瞭毛利、費用及收入的變化。此表表達上年度與本年度同期之毛利、費用及收入。經營者經由兩個年度數字之差異，比較分析各科目消漲之原因，以作為及下年度目標管理及規劃下年度之工作方針。

　　一般來說，最常運用的統計表是單店損益表 (如表 22-1) 及多店比較的損益表 (如表 22-2)。有時針對費用作控制，並針對重點費用科目，例如影印費、差旅費、薪資等作多店的比較 (如圖 22-1，表22-3)，或者是作費用的常模分析 (圖 22-2)。

表 22-1 單店損益表

1		合計	9701 月	9702 月	
2	銷貨收入淨額				
3	銷貨成本				
4	銷貨毛利				
5	毛利率				
75	營業費用合計				
76	營業費用率				
77	營業利益				
78	營業利益率				
79	營業外收入				
80	利息收入				
84	租金收入				
85	商品盤盈				
86	其他收入－彙總				
87	營業外收入合計				
88	營業外支出				
89	利息支出				
93	商品盤損				
94	營業外支出合計				
95	稅前淨利				
96	稅前淨利率				

表 22-2 年度營業毛利、費用及收入預算與實際統計表

名稱	A店				B店				C店				D店				E店				F店				合計	
	去年	預算	實際	差額	去年	預算	實際	差額	去年	預算	實際	差額	去年	預算	實際	差額	去年	預算	實際	差額	去年	預算	實際	差額	去年	今年
營業收入																										
毛利																										
毛利額合計																										
佣金收入																										
廣告收入																										
停車場收入																										
其他收入																										
收入合計																										
薪資																										
宿舍租金																										
制服																										
廣告																										
裝飾																										
電話費																										
文具用品																										
雜項支出																										
勞保費																										
保險費																										
保養費																										
水電費																										
費用合計																										
稅前淨利																										

22-1 各分店單月影印費分析

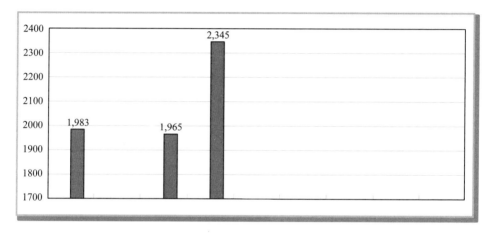

分店	A 店		B 店	C 店				
文具用品 （影印費用）	1,983		1,965	2,345				

其他如差旅費、雜項購置費、水電費、廣告費、修繕費、電話費

表 22-3 百貨年月薪資分析表

分店別	實付	薪資合計	當月業績	薪資佔別	說明	加班費	當月業績	加班費佔比	說明	PT	正職	比例
總公司												
A 店												
B 店												
C 店												
D 店												
E 店												
F 店												
G 店												
H 店												
I 店												
J 店												
合計												

圖 22-2 各分店每月營業額／變動費用比例常模分析

A店

	1月	2月	3月	4月	5月	6月	7月	8月	9月	10月	11月	12月
營業額	18000000	1600000	17500000	17000000	18000000	1760000	17840000	17230000				
可控費用	700000	760000	680000	670000	660000	650000	642140	525211				
佔比	0.038888889	0.475	0.038857	0.039412	0.036667	0.369318	0.0359944	0.030482	0	0	0	0

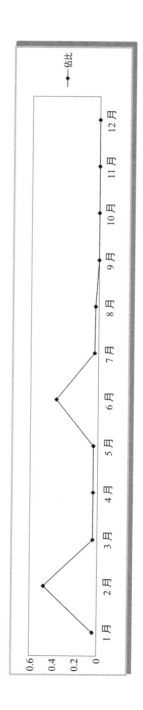

圖 22-2 各分店每月營業額／變動費用比例常模分析（續）

B 店

	1月	2月	3月	4月	5月	6月	7月	8月	9月	10月	11月	12月
營業額	10000000	11000000	12000000	11500000	13000000	12500000	10250000	10310000				
可控費用	400000	430000	480000	450000	470000	460000	470000	490000				
佔比	0.04	0.039091	0.04	0.03913	0.036154	0.0368	0.0458537	0.0475267	0	0	0	0

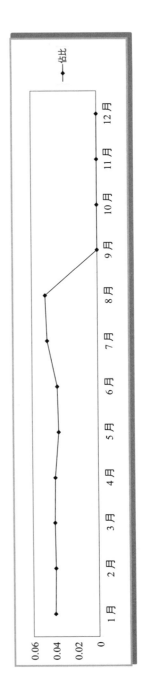

第二節　財務管理

　　在分店現金財務管理方面，大致可分為收銀台管理、營收管理、金庫管理、收銀機零用金作業四個方面。

(一) 收銀台管理

　　當抽屜內的大鈔累積過多，應立即請店主管收回至店內的金庫存放，避免收銀台的現款累積過多，引起歹徒的覬覦。

　　收銀台不僅人員出入頻繁，也是賣場唯一放現金的地方，其安全格外值得重視。尤其找錢給顧客時，並不需要用到最大面值的現鈔，因此無須將大面額之鈔票放在收銀機抽屜內的現金盤裡。為了安全起見，可放在現金盤的下面，以現金盤遮蓋住。

(二) 營業收入管理：

1. 每天收銀員交班、打烊時做時段營業收入總結算，以計算收銀員執行任務之正確性。單日營業結束後，應填寫「每日營業結算明細表」，作為日後會計部門查核及作帳之資料。

2. 所得之營業收入應於固定時間存入或匯入金融機構。存入時，應由會計負責。

3. 為了安全起見，亦可請銀行代為存款，以減少運送之風險。銀行行員前來收款時，必須辨明銀行人員的身分，並確實核對簽名樣方始可交款。收款時必須有二位以上的公司人員在現場協助清點現金，金額確定之後，應填寫託運並核對封條號碼、收款日期、時間，方可簽字取得簽收條。再將簽收條繳回相關主管存查。

(三) 金庫管理：

　　今除了存放在賣場的收銀機外，只能固定放置在店長式的金庫或

小金庫內。應設有「金庫現金收支本」，對於取出或存入現金的各種行動必須予以詳實紀錄。任何消費性支出，應附有單據或發票。金庫發現有任何短缺時，應立刻請相關主管人員進行調查工作。

(四) 收銀機之零用金作業：

1. 每天開始營業前，必須將各收銀機開機前的零用金準備妥當，並鋪在收銀機的現金盤內。零用金應包括各種面值之紙鈔和硬幣，每台收銀機每日的零用金，依公司規定的金額為原則。

2. 除每日開機前的零用金外，小金庫亦須備有足夠數額的存量，尤其是連續假日，以便在營業時間內，隨時提供各收銀機兌換零錢的額外需要。收銀員應隨時檢查零用錢是否足夠，以便提早兌換。零用金不足時，不可與其他的收銀台互換，以免帳目混淆。

　　為維護分店收銀現金的安全，一般零售業也會建立收銀安全現金控管基本注意事項：

(1) 收銀機交班要列印結帳條。

(2) 交班結帳後，當班營收現金裝袋投金庫。
　　 現金袋內有現金，千元鈔投庫憑證，零用金支出憑證，作廢發票(嚴格控管)，現金抵用券……。

(3) 次日店長開庫點收現金存入銀行並填現金差異表，將所有單據轉回公司(現金點收作業最好在錄影機下作業以免爭議)。

(4) 公司會計每日核對銀行轉帳金額與分店每日結帳總額是否相符。

　　 防弊→店長或公司應不定期抽盤商品，抽看錄影帶，並派偽裝顧客注意是否有不開發票情形，查核收銀作業記錄。
　　 防搶→①早班收銀台內超過＿＿元，一律整鈔投庫。

②22:00 以後超過 3,000 元一律投庫。

③金庫鑰不得放在門市。

④未按上述規定發生現金損失超過上列金額由當班人員負責。

在收銀監控方面也會針對收銀現金誤差或收銀台監控，來防堵異常的發生 (圖 22-3，表 22-4)。

圖 22-3

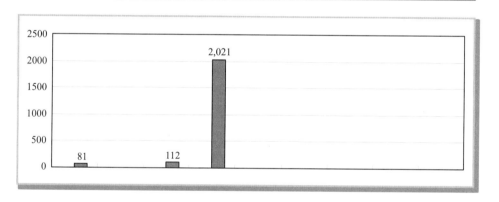

分店	A 店		B 店	C 店				
現金誤差	81		112	2,021				

說明：各店的現金誤差金額均產生在收銀收款誤差，通常規定每月收銀個人誤差率不能超過個人銷售額的 0.01%~0.03%，超過部分須自行吸收，從收銀員薪資扣款。

表 22-4 ×× 連鎖店

_____店　收銀服務台

日期	稽核內容	稽核對象（收銀台號）	相關單據	稽核員	店長	備註

稽核要點：

1. 透過監控畫面配合監視系統稽核收銀作業是否正常。

2. 換貨商品與換貨單是否相符。

3. 收銀台下（內）是否有異常商品。

4. 作廢發票是否符合規定。

　　零售業可運用電腦作業處理會計事務以提升工作效率。一般在財務管理系統內涵蓋了總帳會計、應付帳款、收銀管理、票據管理和出納管理，依此基準帳目管理產生相關之統計之報表，以供分析。以下提供一些表單及統計表以供參考：

1. 應收帳款餘額表。
2. 應收帳款催收通知。
3. 應收票據明細表。
4. 收銀誤差統計表。
5. 收銀機收款明細報表。
6. 應付票據明細表。
7. 付款明細表。
8. 應付票據分類統計。
9. 掛帳應收未收。
10. 信用卡帳款明細。
11. 現金存款收支日報。
12. 存款調撥紀錄。
13. 現金存款收支結存。

　　除此之外，零售業也會透過財務數據針對指標性活動來進行分析及管理。

分析項目	計算方式	管理意義
營業淨利比	實際營業淨利 ÷ 目標營業淨利	比率越高，表示經營績效越高
		比率越低，表示經營績效越低
營業成長率	本期營業收入 ÷ 上期 (去年同期) 營業收入 ×100%	比率越高，表示毛利成長性越高
		比率越低，表示毛利成長性越低
目標達成率	實際營業收入目標營業收入	比率越高，表示經營績效越高
		比率越低，表示經營績效越低
投資報酬率	$\dfrac{淨利 ÷ 總投資額 (資本)}{提高投資報酬率}$	比率越高，表示資本產生的淨利越高
		比率越低，表示資本產生的淨利越低
存貨週轉率	銷貨淨額 ÷(期初存貨 + 期末存貨)/2(以零售價計)	比率越高，表示經營績效越高或存貨管理控制越好
		比率越低，表示經營績效越低或存貨管理控制越差
毛利成長率	本期營業毛利 ÷ 上期 (去年同期) 營業毛利 ×100%	比率越高，表示毛利成長性越高
		比率越低，表示毛利成長性越低
淨利成長率	本期營業淨利 ÷ 上期 (去年同期) 營業淨利 ×100%	比率越高，表示淨利成長性越高
		比率越低，表示淨利成長性越低

附錄一

分店現金 & 金庫管理作業要點

一、適用範圍：本作業適用於營業收入現金管理，收銀週轉金管理，會計週轉金管理。

二、作業流程：(1) 營業收入現金管理：領用開收銀機零用金 8,300 元。→歸還開收銀機零用金。→交班結帳送回台號現金袋數。→每日收銀機內千鈔值班主管需會同收銀員收款及對點，並填入營業日報表。→每日交班或結帳需由收銀員先將抽屜內現金及抵用卷、信用卡刷卡單填寫於現金單及營業日報表。→再將現金及上述刷卡單裝於現金袋內並以大型膠帶封緘、並由清機主管於膠帶騎縫處簽名並依管制表編號。

PS：

1. 早班現金袋暫存小櫃台之小金庫內、送款時得與管理人員確認所借之週轉金及現金袋是否繳回。

2. 清帳條得由主管控管並隨同收銀管制簿於當日營業終了送回會計。

   (1) 投庫作業：由值班主管協同一名小櫃台管理人處理，由管理人員大聲唱名現金袋號，並由值班主管依管制表逐一審核投庫袋號。

   (2) 收銀週轉金管理作業：

      1. 小櫃台金庫或小金庫保持 6 萬元之零用週轉金，由收銀主管及代理人管理其餘週轉金置於會計控管。

      2. 每日開店、收銀主管或代理人依上一營業日所留週轉金庫存表盤點現金是否吻合。

3. 各收銀領用週轉金時依收銀員管制表簽名確認，繳回亦然。

4. 營業中更換零錢時雙方得當面點清。

5. 若週轉金零錢有不足現象時，得持大鈔向會計人員更換平常以處理好之零錢包(零錢缺乏時由會計人員負責向銀行調度)。

6. 每日營業終了前由收銀主任或代理人盤點小金庫現金是否吻合6萬元，並填寫現金庫存表簽名確認以利翌日收銀人員使用。

(3) 會計金庫管理作業：

1. 分店金庫分為密碼金庫及鐵櫃。密碼金庫存放週轉金之大鈔及每日營業收入，鐵櫃則存放未刷或以刷零錢，密碼及鑰匙之管理人為分店經理、店副理、值班主管及會計人員；密碼金庫得於保全系統連線。

2. 會計人員每日開店上班依清機條核對昨日之收銀管制表收齊無誤後，於晨會後將管制表交回收銀部，並依清機條請會同主管開金庫點收現金袋是否足夠，封袋是否有異常；並得於攝影機下或會同收銀員對點進行。

3. 點收無誤後填寫銀行簽收簿鎖回金庫待銀行人員前來對點簽收。

4. 設置金庫庫存表，除營收及週轉金、零用金外，若其他現金或有價贈卷應列冊管理。

控制重點：

1. 收銀員管制表是否有確實依領用、繳回、送款等過程簽名確認。

2. 營業終了值班主管是否依清機條、管制表清點現金袋是否吻

合，並簽名確認。

3. 現金投庫時是否依規定兩人以上同時進行、並依管制表逐一銷號。

4. 會計點鈔時是否於攝影機下或兩人以上同時進行、拆封現金袋注意現金袋有無異常。

5. 收銀主管或管理員得依現金庫存表盤點小金庫確認金額無誤。

6. 管理員得依管制表確認每位領用 8,300 元週轉金者皆有繳回。

7. 店主管或稽核主管得隨時抽核剩餘現金是否吻合。

附錄二

會計人員職責

職稱：會計員

職責：1. 審核各樓收銀機日報表。

2. 複審收銀機營業計算表。

3. 編製營業總額預先統計表。

4. 編製營業比較表。

5. 複核各樓銷貨單、信用卡有否超額。

6. 各收銀台收入及誤差統計表。

7. 營業收入統計表。

8. 調節各樓收銀機鍵位更換及專機號碼設立。

9. 建立各樓收銀機鍵位使用明細。

10. 調整銷貨工作。

11. 營業比較月報表。

12. 收入統計表百分比。

13. 整理收銀日報表及裝冊。

14. 編製專櫃廠商結帳表。

15. 督促收銀員誤差查核。

16. 統計各股月進貨統計表。

組織關係：報告──會計主管。

　　　　　連繫──收銀員、營業股長、出納股長、營業助理。

附錄三

會計部主管職責

職稱：會計部主管

職責與任務：1. 總分類帳。

2. 存貨簿。

3. 折舊與攤提。

4. 應付未付記錄表。

5. 應付未付迴轉分錄。

6. 損益表。

7. 資產負債表。

8. 帳冊整理、審核。

9. 檢查憑證各類工作。

10. 扣繳資料通報整理。

11. 營業各部帳冊申報。

12. 營業各部預估申報。

13. 營利事業所得稅結算申報。

14. 收入類明細帳。

15. 會計師簽證查帳準備工作。

16. 財產目錄。

17. 進貨調整工作。

18. 會計部主管指示交辦工作。

組織關係：報告——管理部主管。

督導——會計員。

聯繫——有關單位股長

Chapter 23
店舖安全管理

第一節　賣場可能的危機

賣場有哪些可能發生的危機？

一、賣場的意外發生

零售賣場是公共場所，防止意外的發生對顧客而言是一項基本的保障，但賣場內卻有許多容易造成意外的地方，令人不得不注意。

1. 樓梯 (手扶梯)

　　常見小朋友在手扶梯奔跑跌傷或夾手等意外事件，因此警示標語及工作人員的提醒，是必要的加強措施。

2. 陳列道具

　　陳列道具例如掛勾、玻璃層板常有刮傷顧客的情況發生，因此一旦發現道具已有破損或突出，有造成客人傷害之虞，即宜儘速更換以免危機發生。

3. 斜坡及階梯

有斜坡或階梯處應有明顯標示，提醒顧客要小心以免滑倒，如遇兒童在斜坡或階梯嬉戲，工作人員也應立刻出面勸導。

二、停電的發生

當停電發生時，應保持鎖定安撫顧客情緒並作下列措施：

1. 關閉相關電源並巡察賣場是否有異狀。
2. 店內廣播並詢問停電原因及狀況 (回報主管)。
3. 引導客人結帳並離開賣場。
4. 員工繼續於原工作崗位作業。
5. 等待恢復供電繼續營業。

三、火警的發生

火警的發生不但會造成財務的損失，甚至會造成人員的傷亡，因此在平時針對以下事項，就必須定期檢查是否合乎規定並能正常運作。

1. 消防受信總機。
2. 自動偵煙器。
3. 滅火器。
4. 室內消防栓。
5. 自動灑水系統。
6. 自動排煙門。
7. 賣場避難逃生設備：
    (1) 避難指示燈。
    (2) 緊急照明燈。

(3) 緩降梯。

四、搶劫的處理

在營業門市，尤其是 24 小時商店，收銀機內的現金常是歹徒搶劫的目標對象，因此遇到搶劫事件發生，應掌握幾個要點：

1. 注意自身安全。
2. 記住歹徒特徵。
3. 立即報警。
4. 保持現場

五、偷竊的處理

當店內有顧客產生偷竊行為時，宜妥善處理，千萬不要讓事情愈演愈烈。

1. **勿有恐嚇勒索行為**

處理偷竊，應徵詢對方賠償和解意願，如對方無賠償和解的動機，應報請警方處理，勿恐嚇要求賠償金，以免觸犯法律。

2. **處理全程錄音錄影**

與偷竊者協談過程，應全程錄影錄音以確保個人權益，如過程有任何的糾紛，事後可調閱影帶佐證。

六、天災的發生

門市遇天災，如颱風豪雨來襲，除了營業損失之外，也會造成設備及商品的損害，因此如何預防因應，將傷害降到最低也是個重要的議題。

1. 淹水沙包之準備

   在豪雨特報時，就需準備沙包堵入口進水，在雨勢開始漸大時應將商品往高處移動。

2. 停電發電機，緊急照明，不斷電系統，冷凍冷藏櫃商品之檢查

   颱風來襲常會造成門市斷電之狀況，因此應就相關備用電源先作檢查，確認是否運作正常。如門市有販賣冷凍冷藏櫃商品，應有預備乾冰保持溫度的預備動作。

3. 招牌的固定

   近年來頻頻發生颱風吹倒招牌，造成人員傷害或物品損壞，因此當颱風來襲時，應檢查招牌是否牢固。

4. 商品齊全：水、泡麵、雨傘雨衣、電池、手電筒

   相關颱風因應的熱賣商品，應提前訂足貨量，以免造成缺貨，也可利用颱風的議題，創造更多的業績。

七、顧客因故取鬧時之處理

1. 顧客因故取鬧之狀況

   (1) 商品已離開現場

   ①商品未使用，在本公司購物，要求原物退回，或在其他地區購物，在本公司要辦原物退回。

   ②商品已使用過，辦退回。

   ③商品已損壞，辦退回。

   ④商品已購買到家後，因價格錯誤要求退錢。

   ⑤送禮禮品，顧客拿來要辦退回。

   ⑥售後服務不週 (如安裝修理)。

   ⑦商品價格太高要求退錢。

(2) 現場取鬧

　①收銀價格錯誤。

　②抱怨現場職員服務欠佳。

　③顧客遺失物品要求賠償。

　④商品標價顧客不滿。

　⑤顧客在現場受到傷害，要求賠償。

　⑥誤認顧客有小偷之嫌疑。

第二節　安全管理

　　遇到顧客取鬧時，若一件問題之發生，錯誤是我方，我們當然要盡我們之義務，無條件去處理。但當事情發生，部分是我方之責任，部分為顧客之責任，或全部是顧客之責任時，我們的處理，仍應以「顧客第一」的觀念來面對問題。

1. 處理顧客因故取鬧的原則及程序

(1) 原則

　①設法讓顧客了解這是他的錯誤。

　②我方賠償損失以最少為原則。

　③不要由該公司的最高主管直接處理，起初由中低階級主管先行處理。

　④與顧客處理 (談判) 之技巧要動腦，事前要考慮週到。

　⑤處理的結果：最好的答案是讓顧客高高興興地回家。

(2) 程序：

　①先了解現場取鬧的原因。

②將顧客帶離現場。

③理性的溝通。

④若無法溝通請上級處理。

⑤若金額不大時，可以考慮當場將事情解決，若金額數目大時，請更上層之幹部處理。若顧客要求相當不合理時，可以考慮請中央單位或警察單位協助處理。

2. 有關人員及商品進出安全的管理部份則應掌握以下幾項要點：

  (1) 安全：

    偷竊對零售業者而言，實是一防不勝防的問題。商品的短少源於員工偷竊、顧客順手牽羊及廠商送貨的短少，為了減少由於偷竊所造成的損失，企業可利用電子標籤、保安人員、監視機、POS 系統、員工管理，和防盜警示器……等方式來降低偷竊率。在推展及執行店內安全計畫時，零售業者須評估是否會造成員工忠實度的衝擊、影響顧客購物的舒適，和與廠商的相互關係。

    ①人員出入管制：

      其涵蓋員工、來賓及廠商出入登記。透過人員出入管制以過濾閒雜人員及維持進出入秩序。

    ②物品放行管理：

      物品放行包含採購單位之廠商貨樣及退回廠商商品。其主要之目的係確保非經正常交易之物品流出之秩序。

    ③非營業時間進入賣場：

      凡是非營業時間內須進入營業場所工作，如商品陳列櫥櫃變動、裝潢、設備維修、盤點等，皆應向負責安全之單位申報核備，核准後始可進入賣場工作。

　　為了加強人員商品進出的門禁管理，一般零售業賣場針對門禁管理也會以下措施：

1. 非營業時進入門市工作管理辦法

　　(1) 非營業時間 PM:22:00 到隔日 AM:09:30 皆屬之。

　　(2) 凡是非營業時間內須在營業場所工作時，如商品陳列櫥櫃變動、裝潢、設備維修、盤點等，皆應向總公司申請報備核准後，始可進入工作。

　　(3) 申請時，由單位主管確實填具「非營業時間門市加班申請單」，先向總公司申請核准，保安組行監督任務。

　　(4) 保安組應負工作人員進出管理，如工作完畢須清點人數，並檢查有關攜帶商品後便可放行。

　　(5) 工作單位督導全體在工作期間不得擅自離開工作現場，並須時時注意施工安全及人員管理，工作人員嚴禁至他樓走動。

　　(6) 工作結束，督導主管應做最後巡檢，確實無安全顧慮後電源全部關閉，門上鎖，鑰匙交給值班主管，全體才可離開。

　　(7) 如在早上 8:00 以前工作者，值班人員須將非營業時間加班申請單移交給日間守衛人員，由其負責督導工作單位之全體。向行政課領用鑰匙進入門市工作。鑰匙之領用，限於工作場所之鑰匙才可領取，其他鑰匙不得領取。而領用鑰匙時，須確實登記於鑰匙領用登記表上。

2. 員工、來賓及廠商出入登記管理辦法

　　(1) 員工上下班一律經由守衛室出入。

　　(2) 員工上下班時間因事外出須填具假單，幹部外出須記錄於公差登記簿。

　　(3) 來賓來訪須問明其姓名、來意後通知單位主趕，並請佩掛出入

通行證。

(4) 廠商送貨進入公司須以證件換領出入通行證佩掛。

3. 貴重商品管理辦法

(1) 下班後除陳列道具上鎖外，另再貼上封條。

(2) 封條鎖匙應妥善收藏勿讓其相關工作人員知道。

(3) 無法上鎖之商品請於下班時盤點數量，將庫存表 (可以銷貨日報表代替) 貼於明顯處，以利夜巡人員對點查證。

(4) 各單位依本身工作之可行性，貴重商品作分戶帳之管理以避免盤損。作分戶帳管理前應先知會會計課協調辦理。

(5) 營業結束後，晚班幹部作門市最後巡檢時，應再對貴重商品做一次檢查，是否上鎖完畢。

(6) 如發現商品遺失迅速通知行政主管處理，遺失現場勿移動，如屬玻璃勿擦拭，以利搜證檢查。

4. 各部門鑰匙管理辦法

(1) 鑰匙管理單位：常用鑰匙＜上班中＞→各單位。

常用鑰匙＜下班後＞→守衛室。

預備鑰匙＜上下班＞→行政課。

(2) 使用流程：

①各單位於上班前一律由單位主管或指定代理人至辦公室領取鑰匙，並於鑰匙領取登記簿上，登記領取時間及簽名且領再行負責開啟各樓之門鎖，並於上班中由單位主管，代理人保管控制鑰匙之責任。

②下班時由各單位主管，代理人負責將該單位之門鎖上鎖，將鑰匙取齊持至辦公室鑰匙箱內並於鑰匙領取登記簿上，登記繳交時間及簽名，當值人員並負責清點，放置鑰匙箱內保管。

(3) 鑰匙領取規定：

    ①後勤單位按上班時間提前十分鐘，始可領取鑰匙進入該單位，如因工作業務需要提前進入須事前提出申請，行政主管核准後始可提前領取鑰匙。

    ②非營業時內欲進入門市工作者，由單位主管填寫非營業時間進入門市工作申請表，經店長或行政主管核准後轉至守衛室，始可按申請時間提前領取鑰匙進入門市，後得由負責主管注意人員商品之安全責任。

(4) 特殊鑰匙保管：

    出納室鑰匙，收銀機鑰匙統一由出納室負責保管。

　　回應店舖安全所產生的危機處理要能圓滿而順利，基本上，應有幾個最基本的項目，分別為危機處理觀念的建立、危機處理的原則、預防危機發生的規劃、危機發生時緊急應變的組織編排。

1. 危機處裡觀念的建立
   (1) 不斷的修正危機處理的應變措施
   (2) 及早準備相關預防事項
   (3) 以顧客的角度作因應對策
   (4) 平日各項的訓練及測試
   (5) 與安全有關的政府單位，需建立良好關係
   (6) 事後對處理有功人員或支援單位應給予獎勵
   (7) 每一項發生過的危機事件應作成教案以作預防

2. 危機處理的原則
   (1) 高階主管應迅速掌握狀況
   (2) 聯絡網必須立即發揮功能

(3) 現場的思考、判斷、行動要明快

(4) 指揮者必須冷靜且客觀,並掌握各項資訊

(5) 對外處理及發言的窗口應一致

(6) 將人員及財務損失降到最低為原則

3. 預防危機發生的規劃

(1) 製作個案宣導

(2) 制定應變手冊

(3) 加強平時的教育訓練

4. 危機處理的組織編排

　　預防勝於治療,有關店舖安全管理的不當,所造成的損失有時更加嚴重。因此,如何做好萬全措施,將發生的機率降到最低,其實是

圖　危機處理臨時編制小組

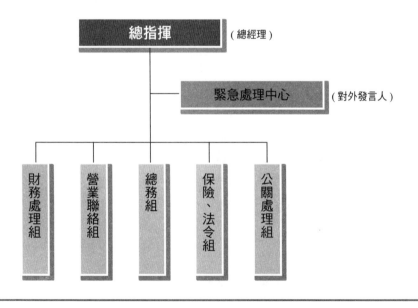

最佳的方式。但如果不幸發生了產生公司的危機，也應迅速處理將傷害極小化。

歸納危機處理的成敗關鍵則主要有下列四處：

1. 建立危機處理小組
2. 建立危機處理標準作業
3. 危機處理的訓練
4. 管理者的當機立斷

Chapter 24
店舖存貨管理

第一節　訂貨

　　一般而言，零售業對於存貨的管理與控制，大都採用零售價法。因為零售業販賣的商品種類、品項、數量眾多，所以若採用「永續盤存制」實際上有其困難，且不符經濟效益。所謂零售價法，係指指紀錄進貨時的成本和零售價。銷貨時，則記錄貨品售價，存貨之計算：

　　存貨 (零售價) ＝ 總存貨 (零售價) －
　　　　　　　　　　 銷貨 (零售價)

　　最後，透過存貨零售價與成本率的計算，便可推算出期末存貨。

　　零售商透過庫存管理追求維持商品在適量間，不致造成商品庫存過多而積壓資金，損失和額外的支出及缺貨而導致機會損失。究竟一家商店要有多少的商品庫存量才算適當呢？一般的方法就是先求出商品的迴轉率。所謂商品

343

迴轉率是指庫存商品賣出的比率。亦即在一年中庫存的商品可以週轉多少次而變回資金，其公式：

$$商品迴轉率 = \frac{銷售額}{平均庫存額(售價)}$$

$$= \frac{銷貨成本}{平均庫存額(售價)}$$

$$= \frac{銷貨量}{平均庫存額(售價)}$$

依零售商之會計系統決定何種商品迴轉率之計算。由以上公式可知，欲提高迴轉率以提高銷售額或削減庫存額。

迴轉率越高，表示商品好賣。不同行業有不同的商品迴轉率，由於國內對於迴轉率的標準尚缺乏具體的統計資料，所以零售業者須憑藉以往的經驗及同業相關資料，以設定商品迴轉率的基準。往後再根據實際經營狀況加以改進。

所以零售業者，若對於商品庫存量能夠適切的管制存量，提高迴轉率的次數，必可使商店的經營更趨進步。

在討論店舖的存貨管理應從店舖的訂購、退貨、報廢、商品變價及盤存等作業了解，才能真正掌握存貨管理的問題所在。

一、訂購流程

商品的訂購流程從下訂單到驗收付款，大致有六個步驟 (見下圖)：

1. 訂貨。
2. 驗收、抽驗。
3. 打標。
4. 上架。

圖 賣場訂貨作業

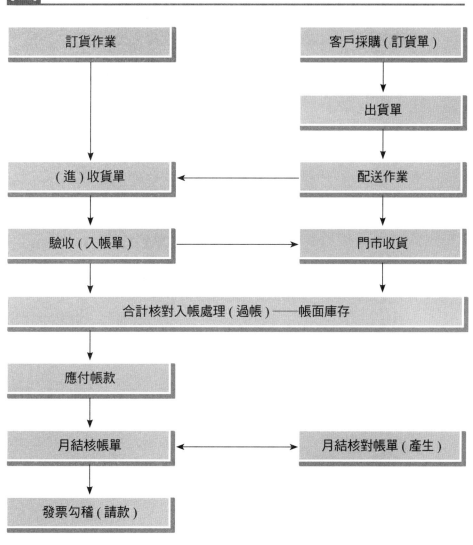

5. 簽收。

6. 入賬。

訂購程序中，通常會要求特別注意以下幾件事：

1. 正確的商品貨號及最小訂購量。

2. 了解門市庫存、商品供應頻率——正確訂購數量。

3. 商品是否已經停止生產。

4. 正確的訂購方式。

5. 訂購時間的掌喔。

6. 廠商出貨是否有最低金額限制。

7. 如果不是透過電子交易平台，則需注意訂購單的確認。

進貨驗收注意事項

1. 到貨商品是否與訂購商品相符

   有時廠商會送錯貨，如照單全收，必定會造成盤存不正確，甚至盤損的現象，因此到貨時需逐一仔細核對。

2. 數量是否短少

   到貨數量與出貨單數量是否相符，需很清楚點收，如果出貨單數量是 100 到貨，只有 98，卻驗了 100，則造成 2 個的損失。

3. 商品是否瑕疵

   到貨除了檢查數量外，對於商品的品質也應作初步的判斷，如有瑕疵，就應拒收退回，以免收下後，日後無帳款可退，或不能退貨時，公司就必須承擔報廢的損失。

　　在訂貨作業中另外一個與庫存有關的就是訂量問題，訂量過多，就會造成庫存過高的現象，因此訂貨的安全存量拿捏就非常重要。

商店安全存量，通常考慮下列因素：

1. **廠商配送能力**

供應商接到訂單時，若能馬上出貨就不需準備太多的安全庫存。但如果他必須再跟上游或國外調貨，則安全庫存就需調高。

2. **商品送貨週期**

供應商收到訂單配送到分店的天數，如果是 5 天的話，平均日銷是10 個的話，則送貨週期 5 天的安全存量就是 50 個，因此要求廠商縮短配送時間是必要的作法。

3. **商品迴轉率**

商品迴轉率高的商品表示容易缺貨，因此存貨安全量就需有更多的考量，相對的迴轉率低的商品安全存量就不須太高。

二、退貨

是否有作及時退貨，也是造成存貨過多的主因。

廠商退貨時機，一般來說有下列幾個情況：

1. 滯銷或商品過量
2. 瑕疵故障
3. 保存期限過期
4. 有法律問題 (包括仿冒、侵權)
5. 總部通知下架 (淘汰品項之商品)

辦理廠商退貨時也需注意下列事項，以免造成退貨錯誤引發損失：

1. **是否可退**：有些商品是不可退貨，應作促銷或轉成贈品，勿滯留退貨區致損耗報廢。

2. 是否仍有帳款：退貨時如廠商已無帳款可退，一旦將退貨寄出，就會變成呆帳，造成損失。

3. 確認退貨成本：退貨成本如無確認，則當時進貨是 100 元，退貨成本打成 80 元，則會造成損失 20 元。

三、報廢

　　商品因為遭竊或品質問題，往往常需作報廢動作，一旦作報廢就形成損失。因此除了在前端對於可能產生報廢的原因作預防之外，對於報廢商品，也應作監控管理。

商品報廢流程

報廢商品：
1. 賣場拾獲空盒（棄置）。
2. 販賣商品損毀不堪。

門市人員 & 商管部：
1. 填妥商品跌價損失登記表。
2. 於待退區設專區集中存放。

退貨部：
商品跌價損失登記表每月送回總部。

退貨區：
1. 經店經理及區經理審核後，由退貨部電腦登錄。

金額限制：
1. 由退貨部按月列印報廢商品明細表統計（依報稅分類）。
2. 金額（零售價）以營業額之XX% 為標準。

列帳 & 評比：
1. 報表送會計部列入賣變。
2. 管理部評比各店報廢金額。

第二節　盤存

一、商品變價

商品的變價不管是提價或降價，如未落實確實登打，也會造成盤存的差異。從整個期末存貨的計算來看：

$$期初存貨＋進貨＋提價＋銷貨退回－降價－打折$$
$$－實際銷售額＝期末存貨$$

因此商品總額除因提價而有增加外 (填變價表提價)，下列情況會使商品總額減少。

1. 販促特價。
2. 市場降價。
3. 商品損壞報銷 (填報銷單)，而使總額減少 (填變價表)。

所以賣場人員在商品之提價與降價時如無填變價表，盤存時便會造成商品總額之減少，造成盤存損失之發生。

二、盤點

就零售業者而言，實地盤點是庫存作業中很重要的一環，實地盤點乃以單品別、部內別、貨架別來調查，清算實際庫存。

一般零售業者採取歇業半日或一日，作整個店面及倉庫的實地盤點工作。落實盤點工作，使盤點數與金額能達到正確人員的事前訓練，組織及程序是不可忽略的。

實際盤點出之數量金額與帳面上之差異產生原因：

1. 員工偷竊。

圖 盤點的作業流程

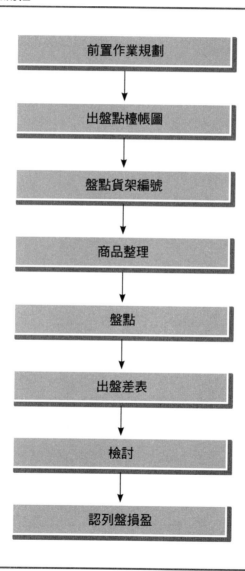

前置作業規劃

↓

出盤點檯帳圖

↓

盤點貨架編號

↓

商品整理

↓

盤點

↓

出盤差表

↓

檢討

↓

認列盤損盈

2. 顧客偷竊。

3. 商品變價手續錯誤。

4. 收銀作業錯誤。

5. 訂價錯誤。

6. 折扣記錄不實。

7. 移轉手續錯誤。

8. 進出貨退出錯誤。

9. 遞送傳票、填寫傳票錯誤。

10. 商品盤存錯誤。

11. 驗收不實。

盤點結果出來後，須就缺失找出原因加強管理，使未來損失降至最低。

探討零售業存貨管理的問題及改善應從三個層面來思考：

1. 不當存貨的發生 (過多或缺貨或盤損)

2. 如何預防

3. 一旦發生如何解決

以上三點說明如下：

1. 不當存貨的發生

(1) 滯銷：應思考如何避免商品的滯銷，及滯銷時的處理方式。

(2) 訂購量：有關訂購的管控如何進行，以免造成訂量過多。

(3) 商品未上架：如何避免因人為因素導致商品未上陳列架，而滯留倉庫的情形發生。

(4) 商品過期 (未先進先出)：因沒有作好先進先出的鮮期管理，造成商品過期報廢。

2. 如何預防：針對不當存貨可能發生的原因，預防的作法通常有以下
   五點：
   (1) 建構健全的訂貨機制或系統。
   (2) 建構完善的庫存監控機制。
   (3) 完善的商品儲位管理。
   (4) 商品退場機制。
   (5) 健全內控降低盤損。

3. 一旦發生如何解決：一旦存貨管理出現問題，就應解決現況問題，
   以利將損害降到最低。
   (1) 訂貨過量：應速將過量商品調撥他店並調整安全庫存，以免日
       後又訂貨過量。
   (2) 存貨過多：應速辦理退貨並出清商品調整庫存。
   (3) 盤損：找出原因並建立預防管理機制。

附錄

百貨專櫃 (進貨櫃) 每日進銷存貨表

_____年_____月_____日

貨號	品名	規格	期初庫存	本日進貨	本日調入	本日銷貨	本日調出	期末結餘

※ 請填單品數量，專櫃主管需不定期抽盤　　　　　填表人：

第六篇 習題

第二十一章

1. 簡述如何設定業績目標。

2. 試擬業績目標、達成分析表。

3. 業績分析報表大約可分為哪幾種模式？

第二十二章

1. 請試擬一張簡單的單店損益表。

2. 分店現金財務管理大致分哪四大類？請簡述之。

3. 為了維護分店收銀現金的安全，有哪些需控管的注意事項。

第二十三章

1. 零售業賣場有哪些可能發生危機的地方？

2. 在賣場安全管理有關防搶的部分，有何注意事項？

3. 賣場商品及人員進出有哪些管制要點？

第二十四章

1. 簡述商品迴轉率的計算方式。

2. 簡述商品訂購流程及注意事項。

3. 進貨驗收有哪些注意事項？

經營實務

Chapter 25
虛擬商店

網路普及與電腦深入各家庭的今天，配合宅配業務的發達，透過虛擬商店完成商品交易的金額，依資策會預估 2008 年的台灣線上購物市場規模可達 2,529 億台幣，比 2007 年成長 36.4%。顯見虛擬商店在今天網路科技及宅配技術發達情況下，其成長空間非常大。

第一節　電子商務成立的目的

1. 提升顧客的忠誠度。
2. 提高獲利率。
3. 縮短新產品上市的時間。
4. 以最具成本效益的方式，服務你的目標顧客群。
5. 大幅降低每筆交易成本。
6. 大量降低顧客服務成本。
7. 節省服務顧客的時間。

第二節　一流虛擬商店的成立原則

1. 傻瓜導引方式

網站結構的設計要盡量讓人簡單易懂，所有設計的重心要以環繞顧客到底想要什麼為中心點作出發。

2. 隨手易得的購物車系統

在現實世界中，購物車一定會放在店門口附近，以利顧客取用。網路購物車則應該盡量放在網頁中右上角，放置購物車的位置倒是不需要挖空心思，畢竟購物車是拿來用的，而不是用來「尋寶」的。

3. 快速結帳流程

讓顧客以最快速的方法結帳，盡量不要讓新顧客填寫太多表單資料，而嚇走了顧客。整個結帳程序以不超過四個步驟為最大原則。

4. 開放門戶政策

將網站與消費者息息相關的各項政策開門見山地說清楚、講明白，盡量清楚地向顧客說明公司的安全政策、運貨費率、隱私權保護以及聯絡方式等資訊。同時，絕對不要向顧客承諾做不到的不實承諾。

5. 加速網頁讀取速度

快速的網頁下載速度會氣走不少客人，以一般 56K 的數據機來說，一張網頁的讀取時間以不超過五秒鐘為原則，盡量把網頁中不必要的圖檔、動畫拿走，以加速網頁讀取速度。

第三節　虛擬商店設計內容

在網站的推廣方面，一開始可利用網站合作的方式，連結至與幼

兒教育有關的網站 (如：窩比網 www.woby.com.tw)，也會和一流的股東合作，利用大家既有的顧客資源，進行資源的共享，讓他們的網站掛上我們的連結，進一步推廣一流網。除了在網站上的推廣，為了讓顧客更容易連結，亦可附予顧客一片 CD 光碟，內容以介紹本店產品特色，並可直接由光碟連結至本公司網站，達成較佳的顧客回應，為公司網站開啟另一種的入口設置。

而一流網的設計原則，以高互動性為主軸。所以，軟體設計以 Flash 動畫的軟體製作，是現今軟體中較為有質感且活潑度高的網頁程式，能達成較高互動性的原則，所以網站設計的主體如以下大點：

一、認識一流網
1. 企業簡介，2. 經營理念，3. 組織圖，4. 未來發展。

二、服務台

1. 購物解說：
能讓顧客更快速、更清楚地了解本站購物流程及取貨方式。方式如下：
(1) 購物流程

購物流程圖

購物流程　　　　　　　　　　**取貨方式**

會員登入
填入您的帳號與密碼

加入購物車
進入發燒商品（或樓層介紹）
點選欲購買之商品加入「購物車」

買單去了

產生初步訂單
（請仔細確認收件人資料、商品數量與金額）

選擇取貨方式
1. 到店取貨（暫不實施）　　　　　　　2. 送貨到府

付款方式	付款方式
請直接至聯營通路付款（只收現金）	信用卡付費、郵政劃撥、貨到付款

出現「訂單編號」
訂單完成
請牢記訂單編號
（建議列印訂單）

出現「訂單編號」
訂單完成
請牢記訂單編號
（建議列印訂單）

請於下單 3 天後，帶著您的「訂單編號」及「現金」至選定地點取貨，若逾期，此筆訂單將於 10 天後自動取消

當我們收到您的訂單及款項後，您的商品將於 3～5 天由專人送達

2. 取貨方式

(1) 您親自至全省聯營通路三天快速取貨。

(2) 讓我們直接將心愛的商品送達您的手中，您將於我們收到您的款項後 3 ～ 5 天，取得您喜歡的商品。

(3) 若您對以上文字有任何不了解——歡迎您聯絡我們。

三、會員註冊

可清楚掌握顧客來源、類別，以便維持和顧客之間的連繫，更可創造機會讓顧客的再次購買。內容如下：

1. 閱讀會員條款

(1) 欲在本站購買任何商品，須先註冊成為會員，方可順利完成交易程序。本【會員守則】條款所保障之對象，包含：

1. 「一流教育用品社」(以下簡稱「一流」)

2. 「一流教育用品社」會員 (以下簡稱「會員」)

2. 填寫個人資料

以下您所填寫的個人資料，一流將依據用戶基本資料保密原則，妥為保密。一流將尊重您個人隱私與權利，您所有的個人資料皆不會轉做其他用途，請安心填寫。

請務必將 E-mail (電子信箱) 地址填寫正確，以利您能收到會員確認信及一流電子報：

電子郵件： ┌─────────────┐

請於下面空格中輸入自選的密碼。(請盡量不要使用簡易的連續數字作為密碼)

密碼： ┌─────────────┐

確認密碼： ┌─────────────┐

請確實填寫以下資料,當您訂貨或參加活動得獎時,我們才能將產品或獎品送達:

姓名： ┌─────────────┐

性別： ◉男 ○女

身分證字號： ┌─────────────┐

生日： ┌──┐/┌──┐/┌──┐ (yyyy/mm/dd)

職業:

行動電話： [資訊業 ▼] (無行動電話者可不填)

電話： ┌─────────────┐ (H) (請至少填一個電話號碼)

┌─────────────┐ (O)

縣市別:[請選擇縣市 ▼] 鄉鎮市:[──────── ▼] 郵遞區號:┌────┐

地址： ┌─────────────┐

第四節　網站地圖

可節省顧客瀏覽網頁的時間,將網站上所有重要的連結,用地圖的方式,讓消費者能更快、簡單地從單一網頁連結至他想連結的地方。

一、會員須知

讓會員了解的隱私、權益及福利，及提醒避免觸犯的法律規定。

1. 紅利積點

會員獨享，「紅利積點，現金回饋」

(1) 紅利 1 點，現金 1 元

凡購買「一流網」上之任何商品，以實付總額計算，每滿 100 元，即獲得紅利積點 1 點，每 1 積點代表現金 1 元。

(2) 電子現金，輕鬆購物

凡經由「一流網」認可核發之紅利積點，即視同本網站的電子現金，可自由選購一流網之任何商品。於結帳時，您可自行選擇點數扣抵現金，剩餘的金額才是您應付的總額。唯本紅利積點，不可兌換現金。

(3) 自動累積，權益無限

當我們收到您當次購物支付的貨款，電腦將自動累積您新增與未使用之紅利點數，您擁有隨時使用的權利。唯若商品退回，則新增紅利點數不計。

(4) 扣抵運費，送貨到府

您累積之紅利點數，可扣抵運費，輕鬆享受送貨到府的服務。若您的點數足以支付的訂單金額(含運費)，則可以免費得到此項商品，您一樣可以選擇您方便的取貨方式。

(5) 會員專屬，現金獨享

「紅利積點，現金回饋」活動，為「一流網」會員專屬權益，因此只限會員本人使用，不可轉讓或與他人合併使用。歡迎新朋友！

趕快行動！只要登錄成為本網站會員，立即贈送紅利積點 50

點。

2. 退貨中心

一流網體貼關心您的消費感受，我們依消費者保護法規定提供會員「七天商品鑑賞期」，在商品收訖日起之七天內(以郵件包裹或取貨通路的簽收日為憑)，若您對所購買商品有任何不滿意，可以要求退貨；另外，如果當您收到商品後發現為瑕疵品，也可於商品收訖日起之三天內要求換貨。一流網將為您妥善且盡快處理。

3. 退貨注意事項

(1) 當您決定退貨，請先與我們的客服專線聯絡，客服人員將會給您一個「退貨單編號」，並以 E-mail 通知您這筆退貨單。

(2) 您欲退貨之商品須以完整商品為限。商品退回時請以寄達時商品原貌全數退回，即完整包裝之商品，包括吊牌、貼標、使用手冊或保證書等週邊配件完整及發票與退貨單。

(3) 請在發票的備註欄上寫上退貨單編號；並以掛號方式寄回一流網客戶服務部，本手續之郵費恕將由您自行負擔。而當您至郵局退回貨品時，請保留您的郵局掛號憑證，以備我們日後確認。

(4) 當我們收到退貨商品時，將立即為您處理退款手續。相關內容詳載於退款手續。

(5) 以下狀況恕不接受退貨：

① 超過七日的鑑賞限。

② 未付發票或退貨單。

③ 未附上原包裝盒或包裝不完整及破損之商品。

④ 因特別說明已註明無法退換貨之商品。

4. 換貨注意事項

(1) 當您決定退貨，請先與我們的客服專線聯絡，客服人員將會給

您一個「換貨單編號」，並以 E-mail 通知您這筆換貨單。

(2) 商品退回時請以寄達時商品原貌全數退回，即完整包裝之商品，包括吊牌、貼標、使用手冊或保證書等週邊配件完整及發票。

(3) 請在發票的備註欄上寫上換貨單編號；並以掛號方式寄回一流網客戶服務部，本手續之郵費請您暫時負擔。而當您至郵局退回貨品時，請保留您的郵局掛號憑證，以備我們日後確認。

(4) 當我們收到這筆換貨單，並將立即為您處理更換新的商品，以及附上郵票(即先由您負擔之郵費的同等價值郵票)迅速為您處理送貨服務。

5. 退款手續說明

(1) 當一流網收到您的退貨物品時，我們會先以 E-mail 信函通知您已收到您的退貨品。我們將會主動地依照您的付款方式儘快幫您退款。

(2) 如果您是以信用卡付款，您預先支付的這筆款項，將在 3 日內直接退回您的信用卡帳戶，退款記錄通常會在您當月或下個月的信用卡帳單中列明。但是由於各家信用卡銀行作業不同，如果您有其他疑問或希望先領回這筆款項，請您主動向您的信用卡公司洽詢。

(3) 如果您是以劃撥、ATM 轉帳付款，我們將會開立即期支票(抬頭為訂購人姓名，此筆貨款將扣除 30 元之手續費)以掛號郵件方式寄交給您。另外，我們會再以 E-mail 方式通知您支票寄出的日期，確保您的個人權益。

(4) 若您對上述辦法有任何疑問，歡迎您隨時聯絡我們，一流網必將竭誠為您服務。

二、百問百答

　　可置放一些顧客經常遇到疑問的解答，幫顧客解決問題，讓顧客很快地找到他們的解答，也可讓公司節省回答重複性問題所花費的時間。

第五節　特賣活動

　　可置放一些新產品、特價品及組合商品，以定期更新的方式，吸引顧客的購買及養成瀏覽的習慣。亦可加入實體店的特賣活動、吸引顧客到門市直接購買。

第六節　商品種類

　　將商品清楚地分門別類，使產品有系統、有層次地顯現在網頁上，如產品分類表，分層地連結至細項產品，讓顧客清楚地了解他要的產品在那裡，才不會讓顧客找了老半天，還看不到他需要的產品。而在每一產品的介紹裡，都要詳盡地介紹產品的規格、特性及使用方法。

1. 產品描述：將商品的圖片放於網頁上，及介紹產品的使用方式、規格及注意事項。
2. 市價、會員價：訂出一般市場價格及本店的會員價 (即標榜本店的會員價大於一般市場價格)，讓顧客有價差的感覺，提高顧客的購買欲望。

3. *產品教學*：可利用 Real Player 及 Windows Media Player 的線上播放軟體，播放實人在操作商品的組合及使用方法，來達到互動式的效果。

　　除了上列的項目外，亦可設置關鍵字查詢的貼心服務，方便客戶找尋商品。再加上電子報訂閱，通知顧客有新訊息，吸引顧客的消費。

Chapter 26
量販店營運企劃

一、管理組織圖

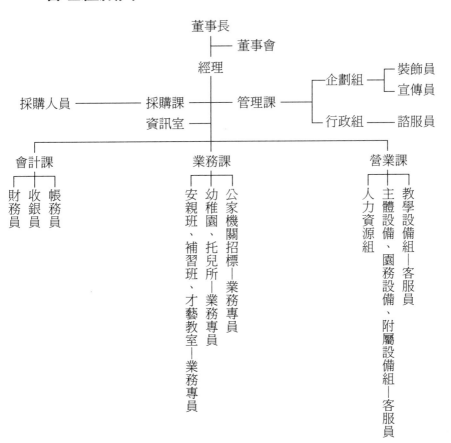

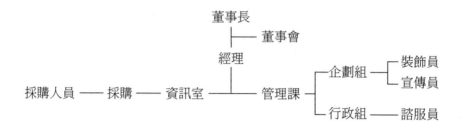

二、人力資源管理

人員任用、離職、免職範例

第一條：任用

(一) 人員之增補依據需要及編制，由需要部門主管提出申請，其申請作業程序須遵照本細則辦理。

(二) 增補方式以公開應徵或接受推薦或調任等方式任用之。

(三) 新進人員之專業筆試、性向測驗、面談，皆由申請部門主管初審並由人事單位配合執行，再送交事業處主管複審，呈總裁批示後任用。

(四) 經理裁示核准任用後，新進人員之報到相關手續統由總管理人事室統籌辦理，報到後本公司人事單位並立即辦理加保手續，而調任職務者用人事通知單。

(五) 實習人員比照本規定辦理。

第二條：試用

(一) 新進人員於正式報到服務後，須遵守本公司之一切規定。

(二) 試用時間為六十天 (特殊情形不在此限)，試用期間由部門主管及相關部門主管考核之。

第三條：離 (調) 職

　　(一) 因個人原因自請辭退或編制需要調任者都須提出申請並詳述原因。

　　(二) 呈奉准後，離 (調) 職者須在監交人員陪同，三日內會辦有關部門及辦理移交事宜。離 (調) 職人員之直屬主管為監交人。

　　(三) 離 (調) 職移交會辦單位辦理完成後，離職人員始得申請離職證明。

　　(四) 財務、人事單位並依離 (調) 職移交會辦單發放薪資及辦理退保手續。

第四條：免職

　　(一) 新進 (實習) 人員於試用期間 (六十天) 經考核不符者，予停止試用 (視為免職)。

　　(二) 人員違反人事管理辦法或使本公司蒙受重大損失時，情節嚴重者予以免職。

　　(三) 職員未依規定請假，且無故曠職連續三日 (含) 以上或一個月累計曠職六日 (每日以八時計算) 者應予以免職。

第五條：以上規定若有違反者，則依本公司員工獎懲細則 (或總裁指示) 處理。

第六條：本細則未盡之事宜，依需要專案公告增修。

各單位當月份出勤時間表應於每月二十五日前繕寫二份送達人事單位核。

第一條：上班時間十分鐘 (不含) 後到勤視為遲到，下班前十分鐘前 (不含) 前離勤者視為早退，遲到早退每月合併累計超過四

次以上，超過部分每次視為請假一小時，遲到早退超過一小時不足四小時視為請假半天，每次遲到早退逾四小時以上未請假者，視為曠職。

第二條：上班時間依業務需要，時間另行規定。

第三條：缺勤時間應按每小時扣全薪 ÷ 月固定上班時數薪資計算。

第四條：曠職人員除按第四條規定扣發薪資外，其情節構成懲罰要件者，另按本公司「獎懲細則」懲處。

第五條：考勤依據如下：

(一) 人事單位以打卡為依據進行考勤，設置簽到簿之單位則以簽到簿為依據，惟其人員於到、離勤時，除簽名外，並加註時間。

(二) 凡代打卡(簽名)者，一概依「獎懲細則」懲處。

(三) 外出人員依規定填具外出申請單送呈主管核准後，始能外出，未經批准外出，視為曠職論，因職務關係需機動外出者不在此限。

(四) 因特殊事故為未打卡或簽到，主管認同到勤簽名者，每月不得逾三次，第四次以上每次視同遲到、早退論，因公務無法打卡或簽到者除外。

第六條：時間外勤務及休假日勤務：

(一) 需加班時，應事先填據加班申請單取得單位主管批准。遇突發性的緊急情況，部門主管得要求員工加班或假期中上班。

(二) 超時勤務津貼計算基礎為加班時數 × 全薪 ÷ 月固定上班時數。

(三) 實際加班時數未滿一小時者不予計算，滿一小時以上以每加滿 0.5 小時為計算基礎。加班期間如遇用餐時

間，應扣除用餐 0.5 小時後為實際加班時數。

(四) 經理級以上主管免打卡上、下班，但不可申報加班費。

第七條：本細則經核准後公告實施，修改時亦同。

上班時間、考勤

第一條：本細則依據本公司人事管理辦法第十二條規定訂之。

第二條：適用對象為本公司經理級 (不含) 或相當職位以下人員，經專案成准除外。

第三條：各職級上班時間

一、後勤單位：凡屬總經理級、管理課、採購課、特別助理、資訊室、會計課、企劃組、行政組。

(一) 出勤值休方式：

週一至週六　早班：08：30～17：00

正常班：09：00～17：30

週日：休假，如配合營業需要則需排定當值人員。

(二) 國定例假日：當日休假，則須排定當值人員，當值人員一律延後擇期補休之。

二、前勤單位：凡屬業務課、營業課。

(一) 營業課課長級以上人員：

出勤值休方式：早班：09：30～18：30

晚班：13：30～22：00

• 每週一至二天晚班，其餘早班

• 採月休六天方式

(二) 業務專員：

　　出勤值休方式：早班：10：00～18：30

　　　　　　　　　晚班：13：30～22：00

　　• 輪班以週為單位

　　• 採月休六天方式

(三) 客服員：

　　出勤值休方式：早班：10：00～18：30

　　　　　　　　　晚班：13：30～22：00

　　• 輪班以週為單位

　　• 採月休六天方式

(四) 工讀生：

　　出勤值休方式：早班：8：30～18：30

　　　　　　　　　晚班：13：30～22：00

　　• 採月休六天方式

各級人員職等、職稱對照表

職等 01	02	03	04	05	06	07	08	09	10	11	12	職稱單位	行政職（管理、業務）
							●	●	●	●	●	公司	經理
				●	●	●	●	●				部、室	店經理
			●	●	●							課	採購課 業務課 管理課 營業課 會計課
		●	●	●								組長	財務員 帳務員 資訊室
	●	●	●									組員	企劃組 行政組 業務專員
●	●	●										職員	裝飾員 宣傳員 諮服員 工讀生

職等、職務津貼支付標準表

職等	職等起薪	主管加給	職務津貼	其他津貼
12	60,000	依主管加給給附表辦理。	30,000	※ 依工作特例上之必要性、地區、專長、困難度等專案呈請經理核定之。
11	54,000		26,000	
10	48,000		22,000	
09	42,000		18,000	
08	36,000		14,000	
07	31,200		12,000	
06	26,400		10,000	
05	21,600		8,000	
04	16,800		6,000	
03	13,200		5,000	
02	9,600		4,000	
01	6,000		3,000	

備註
※ 專業人員之底薪：
16800＋加給
※ 每一職等有十二級：
1~4 職等，每級基本數以 600 元計算。
5~8 職等，每級基本數以 800 元計算。
9~12 職等，每級基本數以 1,000 元計算。
※ 新進人員職等參考起薪：
(1) 研究所：5 等
(2) 大學：3 等
(3) 專科：2 等
(4) 高 (中) 職：1 等六級
(5) 國中以下：1 等
※ 每年考績調整級數依「員工考績辦法」辦理。
※ 任職主管職務，但未達該主管任用職等之資格，以代理方式辦理，支領該職級之主管加給，待年資達任用職等後，惟經專案呈准者，得晉升該任用職等並調整薪資。
※ 薪資計算公式如下：
全薪＝ (職等起薪＋級數 × 基本數)＋主管加給＋職務津貼＋其他津貼
本薪＝職等起薪＋級數 × 基本數

主管加給給付表

職等	加給標準			備考
	A 級	B 級	C 級	
經理	11,000	9,000	7,000	※ 代理該職級主管 　得支領該職級之 　主管加給。
店長	6,000	5,000	4,000	
採購課 管理課 會計課 業務課 營業課	5,000	4,000	3,000	
資訊室 財務員 帳務員 業務人員 採購人員	3,000	2,000	1,000	
企劃組 行政組 裝飾員 宣傳員 諮服員 客服員	1,000			

人數、薪資表

職稱	人數	薪資	備註
經理	1	45,000	* 客服員的薪資計算如下：
管理課	1	35,000	1/3 全職：22,000
採購課	1	35,000	1/3 建教：20,000
資訊室	1	35,000	1/3 工讀生：時薪 80
業務課	1	35,000	
營業課	1	35,000	* 業務專員須全職
會計課	1	32,000	
採購人員	1	28,000	* 採購人員須全職
業務專員	3	28,000	
企劃組	1	26,000	備註 1：每月勞健保費用 79,280
行政組	1	26,000	備註 2：每月職工福利金 43,840
宣傳員	1	22,000	
諮服員	3	22,000	
裝飾員	1	22,000	
財務員	1	22,000	
帳務員	2	22,000	
收銀員	4	22,000	
客服員	6	備註	
總計	31	792,800	
附註： 年終獎金 (1 年)	29 (全職)	764,000	

請假、休假

第一條：本細則據本公司人事管理辦法第十二條規定訂之。

第二條：本公司職員服勤除國定假日、星期例假日及排定之休假日
外，請 (休) 假分為事假、病假 (以上稱私假)、婚假、分娩
假、喪假、特別假、公假、公傷假等八種。

第三條：職員請休假應先向人事單位索取請假 (單) 卡填寫後，依下
列規定呈請核准。

第四條：事假

一、事假不支薪，全年累計事假以十四天為限。

二、請事假一次不得超過二日，且事假之申請必須提前一天
提出。

第五條：病假

一、勞工因普通傷害、疾病或生理原因必須治療或休養者，
全年准給三十日。因患重病需長期治療者呈總經理核准
得延長之。

二、全年累計逾三十日，則按日減支薪資二分之一，職員請
病假超過二個月者應予停薪留職。

三、申請病假一次二天以上或按日申請而連續二天以上者，
應檢具醫療機構之證明，但非住院治療之七天以上病假
須檢具公立醫院或勞保局指定醫療機構之證明。

第六條：婚假

一、八日 (含例假日)，申請時應檢附本人喜帖或其他證明
為憑。

二、婚假需連續一次申請不得分開。

第七條：分娩假

一、分娩假七星期(含例假日)。

二、分娩假可在分娩前後自行斟酌申請,申請時必須檢附合法醫療機構或醫師證明書。

三、分娩假三十日內支本薪(及不包括職務加給、主管加給、其他津貼),逾三十日則減半發給。

四、男性職員之配偶生產時,准予休假二日,唯須補呈醫院所開具之證明,否則按事假論。

第八條:喪假(均含例假日)

一、父母、養父母、繼父母、配偶或子女喪亡者,喪假八日。

二、祖父母或配偶之父母喪亡者,喪假五日。

三、外祖父母、配偶之外祖父母、兄、弟、姐、妹喪亡者,喪假三日。

四、申請喪假者須檢附足堪證明之文件(如訃聞、死亡診斷書、戶籍謄本)以證明申請人與死亡者之關係,使准其喪假之申請。

第九條:公假

一、職員因兵役檢查或召集得檢具證明文件,按實際期間及來回路程核給公假日數,薪資照給。

二、各單位主管得視從業人員召集地點與服務單位之距離酌給路程假,此項路程假視同公假處理。

三、職員參加各種軍事召集期間,如遇例假日、國定假日或政府特別通令之假日,不另補假。

五、工作需求對外洽公(需一日以上),依「出差細則」視為公假之申請。

第十條:公傷假

一、職員因執行職務而受傷，經醫院證明暫時不能工作者，准給予假療養，人事單位代為申請勞保給付。

二、公傷假其以十二個月為限並支領本薪 (不包括職務加給、主管加給、其他津貼等)，逾期未癒者得予停薪留職，傷癒後不能繼續工作者則依本公司人事管理辦理。

第十一條：特別假

一、特別假計算方式如下：

(一) 自到職日起服務滿二年後，當年度之特別假依比例計算。

(二) 服務二年以上，未滿二年者，每年五日。

(三) 服務三年以上，未滿五年者，每年八日。

(四) 服務五年以上，未滿十年者，每年十二日。

(五) 服務十年以上，每滿一年加給一日加至三十日止。

二、特別休假須於每年年底提報個人特別假計劃，並可依實際情況提出申請，事後補請假一律依事假處理。

三、上年度因事假、病假或停薪留職合計超過三十日以上，致未全年在公司服務者，本年度不加給特別假一天。

四、年度中如有未休完之特別假日數不得續延至下年度。

第十二條：職員如因業務需要而未休之特別假，經核准後公司另行支付薪資。

第十三條：各類假別除病假可於事後二日內補辦手續外，其餘應一律事先申請。

第十四條：私假請假最小單位為小時，其他假別除另有規定外，最小單位為半天。

第十五條：新進職員到職未滿一年者，其事、病假之准給日數依在職

實足日數比例計算之。

第十六條：請 (休) 假時應覓妥職務代理人，或由該單位主管妥善安排請 (休) 假之代理人選。

第十七條：凡未經請 (休) 假手續或未經准假而擅離職守或假期已滿無故不上班者，除因突發疾病或臨時不得已事故外，概以曠職論。

第十八條：如遇意外事件不能先行辦妥請 (休) 手續者，應於事發當日先以電話向主管報告，經核准後再於事後補辦規定手續。

第十九條：請 (休) 假理由不充分，基於事業之考量，主管得不准假或縮短其假期或令其暫緩 (休) 假。

第二十條：本細則經核准後公告實施，修改時亦同。

核准者 請假者	董事長	經理	部門主管
店長	三天以上	三天 (含) 以下	
課長或相當職位	七天以上	七天 (含) 以下	一天 (含) 以下
職員	七天以上	七天 (含) 以下	三天 (含) 以下

績效考核與升遷降調

一、績效考核：

績效考核為考核員工工作成績，成為獎懲、升遷、調職等依據及了解評估職員之工作精神與潛力，作為訓練發展之參考，並以督促工作及改進其工作為宗旨。績效考核可分為四大類：

(一) 年中考核：

自元月 1 日至六月 30 日止，並於七月前考核完畢。

（二）年度考核：

自元月 1 日至十二月 12 日止，於翌年一月中旬前考核完畢。

（三）任務考核：

於新任務確定時，考核是否適合人選或對任務完成後作一次考核，評比其優勢。

（四）見習考核：

此為針對新進員工或新任工作者。

二、考核項目之重點：

（一）主管人員之考核重點：

1. 組織與領導

2. 業務執行

3. 創新表現

4. 知識與技能

5. 操守與品德

6. 協調與溝通

（二）一般人員之考核重點：

1. 工作表現

2. 知識與技能

3. 操守與品德

4. 協調作業

5. 服從指揮

三、考核評比參考：

優等－90 分以上

甲等－80~89 分

　　　　乙等－ 70~79 分

　　　　丙等－ 60~69 分

　　　　丁等－ 59 分以下

四、影響考核之評分數有：

　　(一) 記功、加獎、記過

　　(二) 請假 (病假、事假)

　　(三) 遲到、早退、曠職

五、升遷與調職：

　　公司依業務發展需要，員工被升遷、降職、調職之機會不可避免，其統籌作業為公司的人事部門，其作業程序大致如下：

　　(一) 升遷或調職

　　　　依公司業務實際需要產生職缺 → 人事部門遴選人選 (依考核表及個人職能) → 呈報管理委員會審核 → 最高單位核定 → 公佈晉升或調位。

　　(二) 降職

　　　　基於公司縮編或考核表現不良者處理。

教育訓練

訓練內容

一、了解公司經營理念

二、良好的工作態度

（一）保持愉快的心情，微笑經常掛在臉上，進退間要有朝氣及活力，看到顧客記得說歡迎光臨。

（二）穿著合宜整潔的服裝，配戴名牌，上衣為黑、灰、白三色，切記不可穿牛仔褲及運動鞋。

（三）提供顧客貼心的服務，如：主動問顧客是否需要使用購物籃，大型商品可先幫忙拿至櫃檯。

（四）走動式的管理，經常整理架上的商品，積極補貨，不將手叉腰、放口袋，也不能聚集聊天，賣場中不能吃東西，身上不攜帶行動電話，要有團隊精神，同事間互相幫忙。

（五）虛心學習、有所堅持、以屬於生活的角度，融洽流行與人文，生活工廠也是一連串體驗、感覺與學習，常吸收新知，結合公司的資訊給顧客最好的服務品質。

（六）待客基本用話：

1. 您好！歡迎光臨

2. 好的

3. 抱歉，請您稍等一下

4. 對不起，讓您久等了

5. 謝謝您

6. 謝謝您，歡迎再度光臨

（七）待客基本動作及注意事項

待客基本步驟	基本動作	不可有的行為
一、等待商機	適合的服裝儀容，保持明朗的表情，隨時注意顧客需要，整理商品，確認庫存，以愉快的心情迎接顧客。	1. 不可聚集私語聊天。 2. 在顧客面前大聲說話。 3. 惘然的站著。 4. 倚靠在展示櫃、柱子上。 5. 手插口袋、手叉腰或兩手交叉於胸前。 6. 飲食、嚼口香糖。 7. 看雜誌、書報。 8. 私人電話聊天。
二、招呼顧客	1. 看見顧客，應點頭鞠躬，並說「您好，歡迎光臨」。 2. 注意觀察顧客的行動及視線，在適當時機說：「有什麼需要我為您服務的嗎？」 3. 在整理商品時，若有顧客詢問，應立刻說：「您好，歡迎光臨，麻煩您稍等一下」，儘快處理手邊的工作後，再向顧客致歉：「對不起，讓您久等了」。	1. 以不當輕慢的口吻向顧客說「歡迎光臨」。 2. 沒有愉悅的表情或笑容。 3. 不重視顧客。 4. 當顧客呼喚時，假裝沒聽到。 5. 在顧客背後突然的出聲。 6. 用單手或慢吞吞拿商品給顧客。 7. 緊跟顧客後面，妨礙選購。 8. 不因自己手邊進行的工作到一半，而怠慢需幫忙的顧客。
三、商品說明	善用自己的專業知識，有效地說明商品的優點、使用保養方法，並主動提供給顧客。	1. 含糊不清或草率地回答顧客。 2. 強詞奪理的說明或咄咄人的推銷。 3. 不悅的表情，缺乏耐性說明。 4. 與顧客爭辯。 5. 一味推銷高價位商品。 6. 不負責任，沒有條理的回答。 7. 愛理不理的說「缺貨」。

三、工作環境

    （一）制度說明：

        1. 門市人事制度

        2. 休假規定

        3. 請假扣款

    （二）結訓前需繳交資料：

        1. 身分證正、反面影本

        2. 合作金庫存摺封面影印本

        3. 員工基本資料

        4. 異動資料表

        5. 保證書連帶保證人簽名、蓋章、貼上 2 吋照片。

        6. 最近 2 吋半身正面照片一張

        7. (健保轉出單) 凡營業人員一律加保

        8. 學歷證明交件

四、商品知識

    （一）認識商品的區域性，系列性、材質、特點、產地、國家及使用說明。

    （二）一般品及特價品。

    （三）標價技巧 (打標機使用)。

    （四）商品清潔保養，避免過多的灰塵，給顧客良好的購物環境。

    （五）耗材品項介紹及耗材運用。

    （六）常閱讀 WORKING HOUSE 雜誌或其他雜誌書籍、報章雜誌裡頭都有提供很多可以利用的資訊。

五、進貨流程

    （一）廣九物流 (自動撥補)

1. 確認箱數

2. 注意箱上所標示的店別

3. 蓋驗收章

4. 如有發現商品破損或缺件

5. 寫異常單

6. 先傳真廣九物流中心

7. 再傳真採購部

8. 傳真後和貨單釘在一起

9. 商品破損立即報廢

（二）外廠進貨

（三）客訂送貨

六、門市內部工作說明

（一）清潔工作

（二）區域分配

（三）通告、工作聯絡處理

（四）檢查補貨及庫存整理

（五）其他

七、活動說明

（一）了解活動辦法

（二）優惠方式

（三）活動日期

（四）聯合促銷方案

1. 合作對象

2. 方式

3. 活動期間

八、櫃檯作業

（一）收銀機作業

    1. 一般收銀結帳

    2. 手開發票

    3. 包裝耗材運用

    4. 換收銀機、信用卡、集利卡紙卷

（二）資料處理

    1. 客訂處理

    2. 外廠進退貨處理

    3. 調貨處理

    4. 顧客 VIP 資料處理

（三）應對話術

    1. 與顧客互動話術 (招呼)

    2. 7 日退換貨說明

    3. 櫃台電話禮儀

    4. 客訴處理

    5. 各卡別辦理方式說明

    6. 活動說明

（四）櫃台接待禮儀及注意事項

待客基本步驟	基本動作	不可有的行為
一、收銀作業	1. 須再度向顧客確認商品的價格，收取現金後向顧客確認金額：「收您多少錢，謝謝，請稍等一下」。 2. 以雙手將所找零錢及發票交到顧客手中：「找您多少錢，和您的發票。」	1. 拖泥帶水的處理 2. 不確認所收到的現金 3. 單手接收金錢 4. 未核對發票及拿錯發票 5. 找錯零錢
二、包裝商品	1. 以合於商品尺寸的包裝袋，並注意商品安全。 2. 若顧客要求送禮包裝，應迅速包裝。 3. 向顧客說：「讓您久等了」，雙手遞上商品。	1. 一邊包裝，一邊聊天 2. 商品遺漏放入袋內 3. 包裝禮品時，忘記把標價拿掉。 4. 單手將商品交給顧客
三、目送	應心懷感謝，並說：「謝謝您，歡迎再度光臨。」	1. 顧客尚未離開，即不予理會。 2. 沒有儘快整理商品放回原位。

- 員工訓練內容：

  1. 定期教育訓練（年度計畫時間配當表）

  2. 不定期教育訓練（派外教育訓練計畫書）

  3. 新進員工教育訓練

  4. 專案教育訓練

  5. 員工教育訓練考核獎懲辦法

  6. 經費預算表（年度教育訓練經費表）

  7. 訓練計劃實施進度控制表

  8. 承辦單位

範例：

派外教育訓練計畫：

一、主旨：

本公司不定期教育訓練，以派外訓練為重點方向，希望藉派外訓練與外界互相交流並吸收更廣闊之訊息。

二、目標：

（一）培育公司幹部知識才能等素養，將來組織公司內部講師團。

（二）講師團成立後，以利節約公司未來講師之經費。

（三）促使員工接收外部資源，以不斷求新、求變，使公司更成長。

三、說明：

（一）派外訓練對象以公司內部股長級以上人員參加。

（二）凡參加人員於所參加課程結束後一週內，彙整並記錄所上課程內容及心得，交由人事單位統籌送主管核閱，列入年度考核成績。

（三）參加派外訓練人員，可以申請公假，但時間以訓練時數加車程為基準。

（四）由管理部人事課收集外界訓練課程，不定期呈請單位主管指派相關幹部參加。

（五）凡派外受訓人員皆列為內部講師團之遴選。

新進人員訓練計畫：

一、主旨：

　　透過訓練課程安排，促使新進人員早日認識公司規定及工作的狀況，以提升新進人員素質及對工作的認知。

二、目標：

（一）透過訓練課程的安排，提升新進人員的專業知識及技巧。

（二）使學員充分了解工作職責，早日進入工作狀況。

（三）藉由訓練，使學員充分認識公司觀念，提升員工向心力。

三、說明：

第一天

壹、公司經營理念

貳、公司制度與規定（服裝儀容、薪資、試用期）

　　（一）服裝儀容

　　　　　1.穿著合宜整潔的服裝，配戴名牌於左胸前，上衣以黑、灰、白三色素面為主，不得穿無袖上衣，褲子不得穿牛仔褲、短褲，不可穿涼鞋、運動鞋。

　　　　　2.女姓同仁應淡妝，長髮需綁好。

　　　　　3.上班時間不可帶行動電話。

　　（二）薪資

　　　　　薪資結構介紹：底薪、伙食、全勤、不休假日獎金說明，業績獎金之介紹，勞健保及福利金扣款說明，遲到的認定。

　　（三）試用期

　　　　　1.試用期三個月，試用期間如不合格，當然免職。

　　　　　2.新進人員在新訓店之受訓期為七天，此七天無業績獎金，訓練期滿即進行驗收，新訓店長依檢驗結果決定是否任用。

　　　　　3.到職日起算，若未滿七日不支薪。

（四）休假規定

　　1. 每個月輪休六日。

　　2. 連休三天 (含) 以上，需七天前填請假單向總公司
　　　報備。

（五）請假扣款

　　非公假之其他請假皆無業績獎金。

　　事假－扣全薪 (於二天前請假)。

　　病假－扣半薪 (於當天上班前二小時向店長請假)。

　　遇特殊情況，店長可視當時狀況調整。

（六）簽到表

　　請以二十四小時制簽到。

參、了解工作環境買場區域分區、系列性

（一）工作人員自我介紹。

（二）門市職級介紹。

（三）帶領新進人員至各樓層了解商品區域並介紹。

肆、店內清潔工作說明

　　請先示範正確的方式，並告知工作要領。

伍、繳交人事資料

（一）人員基本資料。

（二）身份證正、反面影印本。

（三）合作金庫存摺封面影印本。

（四）人員異動資料表。

（五）保證書。

（六）健保轉出單，凡營業人員一律加保。

（七）學歷證明文件影本。

第二天

壹、買場服務

    （一）告知新進員工如何提供一個舒適的購物空間，讓顧客自在地選購商品。

    （二）要求新進員工清楚門市內商品擺放位置。

    （三）商品上架（補貨、拆貨）注意事項

        走動式管理，經常整理架上的商品，積極補貨，貨架上應有充足的商品並排放整潔，考慮客人拿取之方便性，補貨後隨手將箱盒清理乾淨。

    （四）倉庫及庫存整理

    （五）待客基本用語

        1. 您好！歡迎光臨

        2. 好的

        3. 抱歉，請您稍等一下

        4. 對不起，讓您久等了

        5. 謝謝您

        6. 謝謝您，歡迎再度光臨，門市人員的表現是以微笑開始，誠意、禮貌再加上熟練正確的服務動作，讓顧客得到滿足與滿意。

貳、現在進行活動說明及配合相關作業，詳細解說進行之活動、方法、日期、優惠方式、促銷項目及注意事項，並教授新進人員如何應對客人可能提出的問題。

第三天

壹、廣九物流進貨流程

    一、確認箱數

二、蓋驗收章

三、注意箱上所標示的店別

四、如發現商品破損或缺件

五、寫異常單

六、先傳真廣九物流中心

七、再傳真採購部

八、傳真後和貨單釘在一起

九、商品破損立即報廢

貳、商品使用方式、材質之介紹

一、認識商品所屬之區域性、系列性、材質、特點、產地及使用說明，例：陶瓷器、水耕植物 (仙人掌)、冰淇淋 (製造日期、保存期限)。

二、商品之清潔保養及使用方法，例：玻璃花器之清潔、MDF 商品之整理。

三、適用微波爐、烤箱的商品。

四、商品標籤識別

示範並說明標價機的使用，綠標 (一般商品) 及黃標 (特價商品) 的區別，另外還有特殊商品之區分，例：6 支一組的牙刷、3 個水杯與冰淇淋之條碼等。(何謂標籤、何謂條碼。)

五、商品清潔說明

層板、木器、傢俱、玻璃定期整理。

ps：瑕疵商品、退貨商品下架 (例：枯萎的植物)

第四天

壹、VIP 辦卡說明 (參考客服部所發給門市的補充文件，可加入

集利卡的活動說明。)

貳、部門檔案介紹

一、介紹各部門的檔案 (如：營業部、採購部、企劃部……
　　等)。

二、工聯單及通告介紹及執行確認。

空白表單之介紹與使用。

第五天

壹、櫃檯接待禮儀

一、

待客基本步驟	基本動作	不可有的行為
一、收銀作業	(1) 須再度向顧客確認商品的價格，收取現金後向顧客確認所收金額：「收您多少錢，謝謝，請稍等一下。」 (2) 以雙手將所找零錢及發票交到顧客手中：「找您多少錢，和您的發票。」	(1) 拖泥帶水的處理 (2) 不確認所收到的現金。 (3) 單手收受金錢。 (4) 未核對發票及拿錯發票。 (5) 找錯零錢。
二、包裝商品	(1) 以合於商品尺寸的包裝袋，並注意商品安全。 (2) 若顧客要求送禮包裝，應迅速包裝。 (3) 向顧客：「讓您久等了。」雙手遞上商品。	(1) 一邊包裝，一邊聊天。 (2) 商品遺漏放入袋內。 (3) 包裝禮品時，忘記把標價拿掉。 (4) 單手將商品交給顧客。
三、目送	應心懷感謝，並說：「謝謝您，歡迎再度光臨。」	(1) 顧客尚未離開，即不予理會。 (2) 沒有儘快整理商品放回原位。

二、七日內退換貨說明。

三、包裝：教授新進人員基本之包裝技巧，示範並讓新進人員實做一次。

四、耗材介紹及耗材運用：請用耗材申請表介紹後，再講解各種耗材之使用方式：刷卡紙、集利卡紙之申請方法與補貨注意事項。

五、電話應對～接聽外線的基本禮節

    1. 接到外線電話時，應先說出公司名稱「○○店，您好！」。若鈴響三次以上，則先說「對不起，讓您久等了。」例：「對不起，讓您久等了，○○店，您好！」

    2. 電話內容無法處理時。

    例：「對不起，這件事情我不太了解，請稍等一下，我請負責這件事的人（或店長）來接聽。」

    3. 到指名電話，指名之人無法立刻接聽時。

    例：「對不起，○○店現在無法接聽您的電話，請您 12 時以後再撥，或請他給您回電。」

    4. 不能回答「我不知道」或「你去問別人」等推卸責任的話，並需告知對方自己的姓名以示負責。

貳、基本收銀機（刷機）使用及協助櫃檯

  一、收銀機作業。

    1. 一般收銀結帳。

    2. 手開發票（備註欄請填顧客的電話）。

    3. 換收銀機發票紙卷及信用紙卷

  二、調貨及報廢認定處理

    1. 調貨處理。

調貨需考量的因素：

a. 商品屬性是否適合 (例：食品、植物)

b. 時間性：廣九物流尚有庫存且時間還來得及，請向廣九物流訂貨。

c. 調貨成本考量：調貨的數量很少時請先考量；快遞與貨運的區別

2. 報廢認定處理。

參、客訴處理

一、處理抱怨的方法

1. 注意傾聽抱怨

當顧客抱怨時要注意傾聽，不作任何辯解，以免更加激怒顧客，並於傾聽當中，揣摩顧客的心理及需求。

2. 不論事實如何，先向顧客道歉

傾聽後，誠懇地說：「實在很對不起。」

3. 請出主管

有些狀況並不是憑一己之力能夠解決，若一知半解地處理，反而會使事態更加嚴重，此時必須請出上司，簡單扼要地向上司報告，並學習處理的方法，這也是對顧客的尊重。

4. 場合控制

若會妨害到其他顧客的購物情境時，應適度引導顧客到辦公室 (奉上茶水)。

二、若新進人員自己無法處理時，請告知顧客：「對不起，因為我是新進人員，請您稍等一下，我請其他人員為您服務，謝謝！」

第六天

壹、POS 系統與 PC 之基本操作

　　一、告知新進人員在早、晚班時，應如何開關 POS 及傳檔動作。

　　二、PC 簡介 (首頁)

　　三、教授常用之項目、商品資料、每日營業、營業達成、採購單查詢、VIP 資料輸入、調貨、廣九物流訂單、鐵架訂單、一般商品之客訂單、報廢輸入、瀏覽通告。

　　四、如何輸入上、下班。

貳、外場進貨流程

　　一、廠商直接進貨、清點商品無誤後，持查補單蓋驗收章，立即輸入外場進貨單 (此時可教授外場進貨單之輸入方法)。

　　二、外務人員查補貨、確認後蓋驗收章 → 輸入查補單 → 廠商進貨 → 確實清點商品數量 → 數量清點無誤後，在採購單上蓋驗收章 → 查詢採購單號無誤後 → 輸入外場進貨單。

　　三、客人訂貨 → 填寫訂購單 → 鍵入 PC → 商品進貨或客人收到貨 (電話與客人確認) 後，至採購單查詢 → 查詢採購單號 → 輸入進貨單。

參、實作

　　複習第一～六日所教授之課程，如有疑問或不清楚亦可提出再加強。

第七天

壹、人事資料繳回

貳、驗收

參、心得分享

肆、分發確認

伍、檢核表傳真到需求店

陸、檢核表寄到訓練中心

「簽到表」請新進人員帶至所分發的門市，以利薪資的發放。

三、各單位職務說明

(一) 店經理

基本職責：賦予公司的行政和商品管理員完全的執行責任。

職責與任務：

1. 甄選、訓練和督導下述部門主管：

   (1) 營業部主管

   (2) 會計部主管

   (3) 財務部主管

   (4) 販促部主管

   (5) 管理部主管

2. 指導上述主管遵照公司政策行事。

3. 與各部門主管共同合作，以其目標為準，做預算之商議。

4. 與營業部主管密切合作，以達成銷售額之目標。

5. 確使會計部主管、財務部主管能迅速地正確給管理階層有關銷售及費用報表。

6. 確使各行政部門能正確維護建築物。

7. 與營業部主管作好年度各項廣告、企劃活動目標、帶動業績。

8. 以本身的判斷向董事長做最有利於公司的建議。

9. 在建立公司政策及解決公司問題方面，要以公司高級管理者的觀點來採取行動。

(二) 採購課

主要職能：負責商品結構的建立及開發，使商品結構在其裁決之下，能組成完善的行銷、販賣和販促的方案。

職責與任務：

1. 測定國內、外最好的商品來源，商定採購合約內容，包訂價、品質、按時交貨、規則、保證、零件之補充及退貨。

2. 致力於對公司有利的地方，採購時考慮到「公司優勢」的貨源，以及以盡可能的低價購進。

3. 要向營業主管提出忠告，有關於主要貨源和需求因素的狀況，而這些狀況是會影響到將來採購成本的有利或不利的一些因素。

4. 與販促課協調販促計畫中各人應負責之事項、聯繫事項。

5. 創立或建立一個標準的陳設或是某商品分類容積所需要的適當空間。

6. 為了增加銷售，要選擇適當的商品及提出合理的價格，並且與廠商及總管理處的幕僚合作，來改善銷售的訓練方案和生產方面的情報。

7. 檢討販促的活動，例如：廣告的方式、陳列介紹的正確性等等。

8. 一項一項檢討及分析銷售及庫存的報告，以便決定那些商品的庫存是否適當，哪些應該降價，哪些應該出清。

(三) 管理課

基本職責：公司財務管理、設立登記及保安維護、督管全公司開
支預算審核，及控制各保管維護各關係企業用車人員
之調派督導，確保公司財務安全及商品盤存之監督。

職責與任務：

1. 公司財務管理、登記、控制包括下列事項：
   (1) 有關本公司各項權利、租賃及契約等文件處理。
   (2) 本公司財務管理設立登記及訴訟案件處理之督管。
   (3) 有關主管官署登記之申請表及參與各種公會憑證之申請與
   保管。
   (4) 預算審核控制及各項用度用品、裝備品、採購驗收之督
   管。

2. 提供最佳的顧客服務：
   (1) 設立對於顧客服務的標準化，包括電梯小姐的親切微笑服
   務、電話控制及禮貌與服裝統一、會計台整潔與禮貌。
   (2) 維護顧客生命財產安全，使其有賓至如歸之感。
   (3) 顧客維護中心，包括禮品特別包裝、包裹寄送 (國內、外)
   寄物處、各縣市商品配達及故障品交換修護等 (故障品修
   護著重於電器、音響類)。

3. 監督各股之工作進展——包括收發貨股、養護股、整理股、服
   務股、夜間股、保安股、用度股。
   (1) 全公司商品、收發之打包、檢驗、訂價之督導。
   (2) 電器設備及各種機械 (發電機、中央冷氣系統) 定期保養之
   督導。
   (3) 銀行往來帳及收銀台誤差 OVER SGORT 之處理督管。
   (4) 各部門改造、增設工程之監督及各角落清洗打蠟人事、行

政督導。

4. 課內人事異動之協調與人員流動率之檢討，以發揮行政制度之甄選功能。

5. 維護公司財產之安全 (防盜、防火、防水組織，或內部設置有消防系統、器材配置) 及訴訟等其他突發事件處理。

6. 整體性之公共關係：

(1) 對內：行政庶務工作。

(2) 對外：整體性之公共關係，包括各機關、報社之聯繫與接待特別來賓之各種活動。

7. 有關本公司函件文電收發分配繕核及對外交稿簽覆督導。

(四) 會計部－財務

基本職責：全公司營業總額及貸款之支付。

監督：

1. 財務員做收銀機日報表及營業統計日報表正確。

2. 核對專櫃銷貨日報表明細。

3. 每星期之清機控制號碼核對。

4. 每日收退貨記錄表核對。

5. 訂購單、退貨單、成本變價表等之計算，以及按時登入分戶卡。

6. 貨款之計算快速。

7. 維持勤務中的秩序。

8. 注意出勤動態，工作有代理人，不致影響工作之進行。

任務：

1. 每日全公司貨款支付核算。

2. 每日初，全公司超退金額由財務員按股別廠各分別列出整理後

交給主管，以便採購課和廠商聯繫減少損失。

3. 每月餐費、運費等代支表按股別整理分發財務員以便扣帳。

4. 每月公休排定。

5. 財務員付款或查帳之問題解決。

6. 整理下列報表：

(1) 採購月報表。

(2) 商品盤存報告表。

(3) 商品狀況報告表。

(4) 月進貨統計表。

(5) 年度廠商進貨統計表。

(6) 年度報表：進貨、原銷貨、銷貨退回、員工折扣、降價、信用卡折扣、商品盤存報告表。

(五) 會計部－帳務

基本職責：處理公司帳務及各種有關事宜，協助主管處理帳務事項。

職責與任務：

1. 總分類帳

2. 存貨簿

3. 折舊與攤提

4. 應付未付記錄表

5. 應付未付迴轉分錄

6. 損益表

7. 資產負債表

8. 帳冊整理、審核

9. 檢查憑證各類工作

10. 扣繳資料通報整理

11. 營業各部帳冊申報

12. 營業各部預估申報

13. 營利事業所得稅結算申報

14. 收入類明細帳

15. 會計師簽證查帳準備工作

16. 財產目錄

17. 進貨調整工作

18. 會計部主管指示交辦工作

(六) 業務課

基本職責：業務推廣的目的是提高公司經營績效，以及創造公司
經營利潤。

職責與任務：

1. 統理本課人員狀況及事務處理。

2. 統理本課業務推展及經營規劃。

3. 統理本課業績目標之設定，執行追蹤及檢討。

4. 開發國內廠商及新商品。

5. 市場開發及商情蒐集。

6. 執行上級交辦之任務及工作之分派。

7. 文書、電函、費用等之複核。

8. 與其他單位之業務協調及連繫。

9. 統理人員教育訓練及事務處理。

(七) 營業部

基本職責：總經理不在公司時，負責全公司督導各樓負責間接管
理商品責任的主管。

職責與任務：

1. 負責甄選、訓練和督導各樓主管。

2. 建立樓主管的工作內容，包括：

　(1) 樓長與採購共同決定各股銷售人員的需要量。

　(2) 經由人事課提供銷售人力的支援。

　(3) 確保銷售人員在人事課及資深職員之指導下，獲得正確的訓練。

　(4) 進一步去指導樓面各股的銷售人員。

　(5) 門市清潔有問題時要求整理部門來清理。

　(6) 門市陳列有問題時要求販促部門來陳列。

3. 與總經理密切合作並接受其指導，在經營的各方面幫助總經理。

4. 總經理不在，負責督導公司各部門。

四、建教合作

1. 三明治建教合作實習流程說明

說明一：

　(1) 職前訓共計六天 (含一天排休)。

　(2) 訓練內容：課堂上課 1 天、早中夜輪班 4 天，此訓練之目的在於讓學員能完全了解門市作業流程。

　(3) 考核方式：由訓練店長執行考核作業 (含筆試或口試或實作測驗)，合格總分 70 分 (含)，始通過職前訓練。

說明二：

　(1) 學生職前訓練結束但考核未通過時，訓練店店長需立刻通知區辦訓練專員，由區辦訓練專員通知訓練。

(2) 訓練課收到學生延訓通知後將立刻通知，校方及學員本身，並請所屬老師或訓練課人員進行約談或了解。

(3) 延訓如再未通過，其後果將會遭到退訓，結束合約關係。

說明三：

(1) 自訓練店分發至一般門市值班實習，實習期間，薪資、福利比照一般職員。

(2) 實習期間需配輪班、調店。(男：早、中、夜三班、女：早、中二班)

(3) 實習期間之一切教學及工作態度均列入實習成績，訓練課每學期將實習成績彙整後寄給學校，每學期之考評方式如下：

　　A、每月評核表 60%，如表 26-1：
　　　　每月由學生所屬的店長替學生打考評，學期末訓練課彙整後，此分數佔實習成績的 60%。

　　B、各項訓練考核成績 30%：
　　　　學生於實習期間，公司將按規定教導學生專業知識 (受訓時間流程如表 26-2)，考試成績的 30%。

　　C、訓練課於學生實習期間如提出各種問卷調查，學生須於規定期間內繳交，如未按規定期限繳交，訓練課將予以扣分。(評核標準如表 26-1)

說明四：

(1) 學員自分發門市實習起算滿一個月，且經直屬店長和督導依學習進度及日常工作態度考評合格者，得參加專職結訓和結訓考核。

(2) 專職結訓，課程內容如下：
　　•門市人員自我管理

表 26-1 建教合作生試用期實習考核表

門市：_____　建教合作生姓名：_____　身份證字號：_____
評核期間：___年___月___日起　迄___年___月___日
建教合作學校：_____

建教合作生試用期實習考核表											
工作績效評核項目	得分					工作態度評核項目	得分				
	優	甲上	甲	甲下	乙		優	甲上	甲	甲下	乙
	10分	8分	6分	4分	2分		10分	8分	6分	4分	2分
執行現金收銀作業						與職員相處融洽					
執行顧客服務											
維持商品齊全與陳列整齊						主動協助顧客					
執行商品促銷											
維持商品標價正確						清廉與誠實					
執行門市清潔工作											
維持門市機器清潔與運作正常						工作主動積極					
維持商品品質與新鮮											
執行進貨檢查補貨作業						參與感					
執行補貨作業											
實得分數					A	實得分數					C
換算績效分數 *70%					B	換算績效分數 *30%					D
總計績效分數 B+D					E	出勤考核扣分					F
實習成績											E-F

店經理簽章	員工簽章

表 26-2　三明治建教合作受訓時間流程表

秋季班／月份	受訓進度	春季班／月份
一月	門市實習（含職前訓）	七月
二月		八月
三月	門市實習（完成專職訓）	九月
四月		十月
五月		十一月
六月	門市實習（完成六項先修）	十二月
七月		隔年一月
八月	店舖管理訓練課程	二月
九月	接店實習	三月
十月	副店長資格	四月
十一月	晉升副店長	五月
十二月	店舖管理報告	六月
隔年一月	店長資格考	七月
二月	晉升店長	八月

- 商品介紹技巧
- 法務教室
- 門市狀況處理

(3) 結訓考核成績達 70 分以上 (含) 者，始通過專職結訓。

(4) 取得門市職員訓練資格者，薪資另增「職專加給」1,500
元。

說明五：

(1) 門市職員訓練不合格時 (不論是門市值班階段或專職結訓考
核)，當第一次不合格時，店長需立刻通知區辦訓練專員，
由區辦訓練專員通知訓練課。

(2) 訓練課收到學生延訓通知後，將立刻通知校方及學員本身，
並請所屬老師或訓練課人員進行約談或了解。

(3) 延訓如再未通過，其後果將會遭到退訓，結束合約關係。

說明六：

(1) 六項先修課程如下：
- 店務規劃
- 訂貨作業
- 帳務製作
- 商品陳列
- 盤點作業
- 物流退貨實習

說明七：

(1) 依據「店舖管理訓練」作業辦法之訓練課程，順利修畢該訓
練全套學分，且接店實習評核表分數達 60 分 (含) 以上者，

由該區督導向當區訓練專員報名報考副店長資格考，如表 26-3。

(2) 總成績計算方式，以六項先修課程平均分數 (10%)、接店實習評核表分數 (10%)、筆試分數 (80%)，加權後總和，由人資部依總成績之高低排名，予以公告取得儲備副店長資格。

說明八：

(1) 取得儲備副店長資格者，具副店長晉升面試提報資格，經當區部主管面試合格，即由人資源部公告晉升副店長。視當區狀況，分發一般門市正式接店。

說明九：

(1) 店舖管理報告主題如下：
- 營運分析
- 商圈調查
- 競爭店調查
- 貨架陳列

說明十：

(1) 副店長任職滿二個月，且四份店舖管理報告，每份分數均達 70 分 (含) 以上，並經訓練課審核通過者，始具店長資格考報考資格。

(2) 總成績計算方式，以店舖管理報告平均分數 (20%)、筆試分數 (80%)，加權後總和，由人力資源部依總成績之高低排名，予以公告取得儲備店長資格。

說明十一：

(1) 取得儲備店長資格者，具備店長晉升面試提報資格，經當區

表 26-3　店鋪管理訓練的課程表

天數	時間	課程名稱	時數
第一天	08:30 － 09:30	如何做好店長	60 分鐘
	09:40 － 10:40	人員管理	60 分鐘
	10:50 － 12:20	物流作業概論	90 分鐘
	13:30 － 15:00	存貨控制	90 分鐘
	15:10 － 16:10	店務運作	60 分鐘
	16:20 － 17:20	如何提供滿意的服務	60 分鐘
第二天	08:30 － 10:00	現金管理	90 分鐘
	10:10 － 12:10	門市帳務	120 分鐘
	13:30 － 14:30	資材管理與工務維修	60 分鐘
	14:40 － 17:10	盤點作業	150 分鐘
第三天	8:30 － 10:30	盤點盈損管理	120 分鐘
	10:40 － 12:10	門市交接作業	90 分鐘
	13:30 － 15:00	商圈調查	90 分鐘
	15:10 － 16:40	競爭店調查及應對	90 分鐘
第四天	08:30 － 10:00	新開門市運作及管理	90 分鐘
	10:10 － 11:40	異質店整頓	90 分鐘
	13:30 － 16:00	如何提升門市利潤	150 分鐘
	16:10 － 17:40	加盟辦法說明	90 分鐘

部主管面試合格，即由人力資源部公告晉升店長。

【註】所有訓練流程如有更動時，將依人力資源部公告為依據標準。

說明十二：

(1) 實習至合約期滿，給獎勵金兩萬元，區辦可依學生表現予以留任。

(2) 實習結束，繼續留任者，其晉升流程如表 26-4。

2. 建教合作生管理辦法

(1) 出勤規定：高職輪調式建教合作生、511 教學建教合作生 (五天上班、一天上課、一天休假) 及三明治教學建教合作生，於企業實習期間每月工時至少須達 144 ～ 168 小時。

(2) 請假規定：

A. 門市人員遇排班日時，若要請事假須事先提出，經店經

表 26-4 建教合作學員畢業後晉升方式

畢業時之職階	晉升方式
門市正職	完成店舖管理訓練
副店長	1. 已取得儲備店長資格者，報請參加面試晉升。 2. 未取得資格者，繼續參加筆試與面試。
店長	1. 成為管理體系中堅幹部。 　店長 → 督導 → 課主管 → 部主管 → 處主管 2. 轉調後勤，投入專業領域研究發展。 3. 開店創業，成為加盟主。

理同意後，始可請假。若未經店經理同意，擅自缺席，
視同曠職。

B. 門市人員遇排班日時，若要請病假，須提出醫生證明，
若未提出醫生證明，視同曠職。

C. 逾上班時間三十分鐘內，以遲到論。若提早下班者以早
退論。

(2) 上班規定：

A. 門市人員上班需遵守站經理排班與工作分配。

B. 門市人員需遵守上班時話術的要求。

C. 上下班時要親自刷卡簽到及簽退，一律不得代刷。

D. 上班時應穿著制服配戴名牌，不得穿拖鞋、短褲，並禁
止在賣場內抽煙、喝酒、吃東西。

E. 門市人員下班時應主動接受皮包檢查。

F. 門市報章雜誌不得外借。

G. 門市人員不得私留發票、監守自盜，違者除依法處理
外，公司將予以解雇且永不錄用。

(3) 罰責：

A. 任意曠職者，一次扣實習總分 5 分　連續曠職超過三天，
以開除論。

B. 遲到或早退者，每月不得超過三次，三次以上，每一次
扣實習總分 0.5 分。

C. 月工時未達標準者，每一小時扣實習總分 0.5 分。

D. 請門市店經理記考核月工時出勤記錄表及建教合作生各
階段實習評核表。

(4) 考核相關辦法：

A. 店經理請依建教合作生實習評核辦法內容，每學期評核

一次，即每年 6 月及 12 月評核一次。

B. 每項評核分數請店經理按實際狀況給分，一項目滿分為 20 分，總分 100 分。另請店經理審查評核實習生出勤每三個月是否滿 480 小時以上，未達時數標準及出缺勤不佳者，依考核辦法予以扣分。

C. 每張評核表代表建教合作生在本公司實習成績，兩次評核結束加總後，請回饋至教育訓練 TEAM → 地區訓練專員。

D. 教育訓練 TEAM 將實習成績與進階訓練筆試成績彙整統一超商建教合作生實習成績單，並將成績寄給學校。

3. 建教合作生宿舍規定

(1) 住宿資格：女性員工戶籍所在地並非工作地點的所在縣市，或通車時間超過兩小時以上者，可提出住宿申請。

(2) 住宿申請：凡需住宿且符合住宿資格人員，可先向區課申請住宿申請，填妥資料後，依住宿申請程序提出申請。

(3) 遷入遷出：

A. 申請住宿獲核准之人員需先向舍長報到，接受舍長安排床位辦理遷入；未經舍長許可，不得隨意調換寢室與床位。

B. 人員遷出，務必事先知會舍長後方得遷出，離職人員應於辦妥離職手續翌日即搬離宿舍。

(4) 環境整潔：

A. 宿舍整潔之維護由舍長安排輪值表實施，定期安排大掃除。

B. 宿舍內一律禁止寵物、家禽，以重衛生。

(5) 門禁管理：

A. 宿舍不留外宿客。

B. 每天晚上 10:00 以後謝絕訪客；訪客須於晚上 11:00 前離開。

C. 除公司相關人員外男賓止入內，會客須在客廳外，謝絕進入寢室。

D. 舍員需於晚上 12:00 前回到宿舍，並禁止再外出，若因公務或其他特殊原因，於晚上 12:00 以後回到宿舍，務必於 11:00 前電話通知舍長或其他舍員。

E. 若因故不回宿舍就寢，須事先向舍長告知去處及連絡電話；同時舍員於外宿期間，須對自己一切行為負完全責任。

(6) 宿舍各項設備及公共用品應愛惜，如果因個人之使用不當而遭致破壞，應依「固定資產作業規範」辦理。

(7) 選舉舍長：

A. 舍員得經宿舍會議選舉舍長一名，報請區課及會計 TEAM 核准後執行宿舍管理規章。

B. 舍長每年改選一次，連選得連任。

(8) 強制搬離：

A. 舍員有竊盜行為，經發現或遭舉發且查證屬實者。

B. 違反宿舍管理規章，經警告三次而仍不聽從勸導者。

C. 危害宿舍安全及違反公司規定，重大情節屬實者。

D. 為求所有住宿人員之權益，舍員於住宿期間須絕對服從舍長之調配及督導；如有破壞團體秩序，經宿舍會議全體舍員三分之二以上決議者。

(9) 各宿舍應設立宿舍基金用，以支付宿舍實際發生之水、電、

　　瓦斯、清潔等費用，金額由各宿舍自行訂立之，住宿人員須按月繳交，由舍長統籌管理。

(10) 各地區宿舍可視需要另訂住宿人員生活公約，但以不違反宿舍管理規章為前提。

(11) 宿內禁止酗酒、打架、偷竊、散佈謠言及其他不正當之行為。

(12) 宿舍內禁止吸煙，焚燒紙屑並嚴禁存放危公共安全之物品。

(13) 禁止在自己房間內使用電爐、電鍋等高危險性家電用品。

(14) 同一插座避免插太多插頭，並時常檢查電線以免漏電或電線走火。

(15) 廚房內烹煮食物時務必時時查看，以免引起火災。

(16) 廚房一定要通風良好，瓦斯在燃燒時要有人在旁邊，有事離開時必須隨手關熄爐火和開關。

(17) 室內聞到瓦斯臭味要儘快打開所有門窗，千萬不可啟動任何電器開關，更不可點燃火柴或用打火機以免引起爆炸。

(18) 熱水器應置於屋外，瓦斯漏氣時須先關閉瓦斯總開關，再關掉水龍頭和熱水器，並知會所屬區課協助處理。

(19) 滅火器置於明顯易取得之處，定期檢查是否過期，滅火器的使用方法務必人人會使用。

4. 建教合作生上課規定

(1) 新進人員：

新進人員課程安排了 4 天的門市教育，每天上課至少 6 小時（上課時間為 9 ～ 16 時）。

(2) 店副理：

店副理課程安排了 3 天的門市與課堂交叉教育，希望藉由課

程訓練能夠給予實際操作及學習，以達到訓練與實務相互結合之效果。每天上課至少 6 小時 (上課時間為 9 ～ 16 小時)。

(3) 店經理：

店經理課程安排了 3 天的門市與課堂交叉教育，希望藉由課程訓練能夠給予實際操作及學習，以達到訓練與實務相互結合之效果。每天上課至少 6 小時 (上課時間為 9 ～ 16 小時)。

(4) 以上進階課程結訓成績須達 70 分始通過課程，並給予各階段結訓證書，結訓成績將納入建教合作生實習成績單。

(5) 受訓期間服裝儀容比照門市上班規定，上課不得遲到、任意曠課。

五、賣場規劃

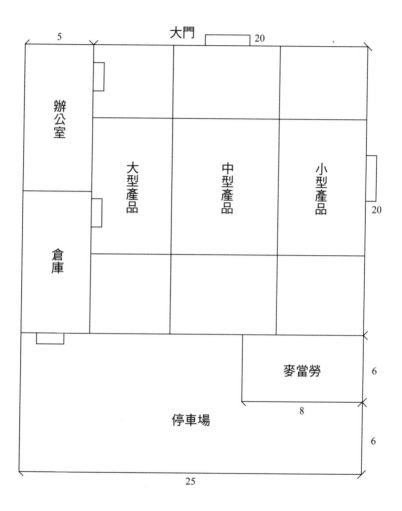

六、貴賓卡的發行

貴賓卡發行的目的：

1. 抓住大量顧客於第一時間，有利 CRM (Customer Relationship Management) 的資料收集。
2. 因為免費且優惠 (產品又為教育事業)，所以發行易且量大。
3. 可因此建立公司品牌。

貴賓卡優惠內容：

1. 定期收到本公司優惠活動宣傳資訊。
2. 接受電話及傳真訂購運送。
3. 可享有產品最低會員價格優惠。
4. 特殊商品及規格的量身訂作服務，XX 折優待。
5. 免費送您精美包裝，送禮大方。
6. 有效期限 XX 年 XX 月止 (以 2 年為限)。
7. 卡號 XXX － XX － XXXXX (店別 - 地區別 - 顧客序號)。
8. 結帳前請出示本卡，恕不折換現金與其他優惠併用。
9. 第一次開卡消費時，只要加 100 元，即送價值 300 元禮品。
10. 持卡至全省愛的世界、六福村、小人國、綠園谷、大世界國際村、丁丁藥局，可享有 XX 折優待。
11. 積點數活動：消費達 1,000 元，即累積點數 10 點，以點數做為回饋基礎。
12. 寄發生日卡片給當月壽星，並給予壽星當月折價券。

LOGO：

1. 一流教育用品，天天都便宜。
2. 益智學習，EAZY PAY，讓您的孩子贏在起跑點上。

顧客基本資料表

編號：

1. 姓名：	公司團體名稱：
2. 姓別：□男 □女	連　絡　人：

3. 電話：家裡＿＿＿＿＿＿＿＿＿＿＿
　　　　公司＿＿＿＿＿＿＿＿＿＿＿
　　　　手機＿＿＿＿＿＿＿＿＿＿＿

4. 住址：　　　鎮區　　　路街　　　＿＿＿段＿＿＿巷＿＿＿號＿＿＿樓
　　　＿＿＿＿　里　＿＿＿＿　街

5. 出生日期：民國＿＿＿年＿＿＿月＿＿＿日

6. 身分證字號：＿＿＿＿＿＿＿＿＿＿＿

7. 職業別
　　□網際網路　□電子電腦　□光電通信　□半導體業　□系統整合
　　□軟體資訊　□電機自控　□五金機械　□旅遊餐飲　□文教印刷
　　□百貨零售　□貿易行銷　□建築相關　□金融保險　□醫療衛生
　　□化工生化　□廣電廣告　□食品飲料　□運輸物流　□環保能源
　　□顧問企管　□農漁牧業　□保全警衛　□塑化紡織　□運動美容
　　□光學精密　□娛樂休閒　□其他行業　□軍公教

8. 月收入：
　　□ 19,000 以下　　□ 20,000~29,999　　□ 30,000~49,999
　　□ 50,000~69,999　□ 70,000 以上

9. 婚姻：□已婚　　□未婚

10. 家中有小孩數：
　　　0~4 歲＿＿＿＿＿人
　　　5~8 歲＿＿＿＿＿人
　　　9~12 歲＿＿＿＿＿人
　　　13 歲以上＿＿＿＿＿人

七、商品採購

前言

　　對一個成功的零售業者而言，以適當的商品種類及服務來滿足消費者的需求，為整售業策略的重點。故商品的採購開發政策在零售策略中，佔有關鍵性的階段。

一、供應商與零售商的關係

　　總體來說，供應商與零售商是一種合作關係，而非對抗雙方，唯有在彼此相互合作之下，達到互利雙贏的階段。

二、供應商及其選擇要件

　　1. 報價合理與誠實，絕對不違背商場誠信之原則者。

　　2. 品質良好，能對其商品品質有所保證者。

　　3. 其商品是客戶群所需要者。

　　4. 其商品之包裝符合自助式批發的需要者。

　　5. 能在訂貨及配送作業與零售商密切配合者。

　　6. 願意經由批發通路銷售給零售業或公司行號，擴展其市場佔有率者。

　　7. 財務穩健，管理良善，貨源可靠者。

　　8. 不貪圖近利與暴利，我們一齊成長茁壯者。

三、供應商之切結書及合約書

　　因商品供應關係，為維護雙方利益及信心，供應商在誠實及信用的原則下，訂立所要遵守及保證之事項。

談判的技巧與策略

一、何謂談判

　　談判，亦可稱之為協商或交涉，是擔任採購工作最吸引人的部分之一。一般而言，大多數人都認為採購談判是一種討價還價的行為。其實，談判的定義應是：買賣之間商談或討論成協議。故成功談判是一種買賣雙方經過計畫、檢討及分析的過程，以達成相互可接受的協議或折衷方案，這些折衷方案或協議應包含所有交易的條件，而非只有價格。

二、談判項目

採購人員經常必須談判的項目有下列諸項：

＿＿＿＿＿品質	＿＿＿＿＿交貨期
＿＿＿＿＿包裝	＿＿＿＿＿交貨應配合事項
＿＿＿＿＿價格	＿＿＿＿＿售後服務保證
＿＿＿＿＿訂購量	＿＿＿＿＿促銷活動
＿＿＿＿＿折扣	＿＿＿＿＿廣告贊助
＿＿＿＿＿付款條件	＿＿＿＿＿進貨獎勵

三、談判與策略

(1) 品質：

品質的定義為「符合買賣雙方的約定要求或規格就是好的品質」。較完善的供應商應有下列有關品質的文件：

採購人員在談判時，應首先與供應商對商品的品質達成相互同意的品質標準，以避免日後的糾紛或法律訴訟。對於瑕疵品或倉儲運輸過程損壞的商品，採購人員在談判時，應要求退貨或退款。

(2) 包裝：

包裝可分為兩種，一種為內包裝，一種為外包裝。

①內包裝：顧名思義即為用來保護陳列或說明商品之用的包裝。

設計良好的內包裝，通常能提高客戶的購買意願，加速商品的迴轉，國內生產的產品在這方面做的比較差，採購人員應說服供應商在這方面改善以利彼此的銷售。

②外包裝：僅用於倉儲及運輸過程的保護。

包裝通常扮演非常重要的角色。倘若外包裝不夠堅固，倉儲運輸的損壞太大，會降低作業效率，並影響利潤。但若外包

裝太堅固，則供應商成本增加，採購價格勢必會偏高，導致
商品的價格缺乏競爭力。

(3) 價格：

除了品質與包裝之外，價格是所有的談判事項中最重要的項
目。公司在客戶心目中的形象就是高品質的保證，所以如何使
供應商有高度意願來配合我們批發量販店的高品質低價格策
略？最重要的就是要列舉以下的好處予以知曉。這些好處包
括：大量採購、銷貨迅速、節省運費、穩定人事，降低管銷費
用、消除庫存、溝通迅速，並節省廣告費、付款迅速，減少供
應商應收帳款管理費用、不影響市價。

(4) 交貨期：

一般而言，交貨期越短越好，因為交貨期縮短的話，訂貨的次
數可以增加，訂購數量就可以相對的縮小，故庫存的壓力也
會降低，倉儲空間的需求就會減少，對於有時間承諾的訂購數
量，採購人員應要求廠商分批送貨，如此會減少產存壓力。

(5) 促銷活動：

在依賴採購人員正確的選擇商品，以吸引顧客上門的售價來舉
辦促銷活動。促銷快訊的確是一大利器，在全世界各地都無往
不利的。策略上，通常我們會在促銷活動的前幾週停止正常訂
購的運作，而該另訂購促銷特價商品，以增加利潤。

(6) 廣告贊助：

為增加公司的利潤，採購人員應積極與供應商談判爭取更多的
廣告贊助，廣告贊助如下：

1. 促銷快訊特報的廣告贊助。

2. 前端貨架的廣告贊助。

3. 統一發票背後的廣告贊助。

4. 停車看版的廣告贊助。

5. 購物車廣告版的廣告贊助。

6. 賣場燈箱的廣告贊助。

其中以促銷快訊的廣告贊助最大。由於快訊的印刷及郵寄成本太高，故採購人員多半會要求供應商贊助此種費用。

供應廠商切結書

立切結書人：＿＿＿＿＿＿＿＿

茲因商品供售關係，為維護雙方利益及信譽，願絕對在誠實及信用原則下，遵守及保證下列事項：

一、供售商品種類：

二、交易方式：

依貴公司指定之數量、時間、地點準時交貨，並遵守貴公司有關進、退貨之各項規則程序辦理。

三、商品品質：

(1) 供應廠商必須有良好的品質管制制度。商品的品質應與供應商在訂貨前所提供的樣品，或與雙方在訂貨前相互同意的規格相符。商品品質不符合約定者，公司得拒絕收貨，並拒絕付款。

(2) 賣方保證商品可供消費者或企業安全使用，賣方同時保證商品符合下列中華民國相關法律及規定：

A. 公平交易法　　　　J. 商標法

B. 消費者保護法　　　K. 關稅法

C. 食品衛生管理法　　L. 貨物稅條例

D. 化妝品衛生管理法　M. 正字標記管理規則

E. 藥物藥商管理法　　N. 商品檢驗法

F. 商品標示法　　　　O. 度量衡法

G. 專利法　　　　　　P. 其他與訂單及契約有關的法律與

H. 出版法　　　　　　　規定

I. 著作權法

賣方若未遵守以上的保證，而造成損失時，供應廠商同意賠

償一切損失。

四、人員配合管理：

(1) 立切結書人為促銷售品，派駐貴公司人員協助促銷，絕對遵守貴公司售貨管理規則。絕不私自收款不報帳、偷竊、短收、漏開或遺失統一發票等不法情事。

(2) 派駐人員應品行端正，並遵守貴公司人事管理規則及一切服務規章，不得違反。

(3) 派駐促銷人員其薪資、膳宿及其他費用，均由立切結書人負擔。

(4) 派駐促銷人員其上、下班一律經由守衛室，絕不由門市進出。

(5) 上、下班需親自打卡，卡片要照規定放置，不准帶出，如有違規，第一次接受警告，第二次由立切結書人調回。

(6) 上班時，應將私人金錢收至員工現金保管袋，並存放各股寄金箱內，下班後向股長取回 (未寄金者，須接受貴公司人事規則辦理)。

(7) 請假應於前二天提出辦好，病假應於當日以電話向直接主管請假，而後再補假單，如超過三天需附證明。

(8) 服裝儀容以整齊、端莊為主，應化妝並穿著公司規定之制服、鞋子。

(9) 派駐人員之定義：包括派駐人員及代理人員。

五、操守管理：

立切結書人絕不與貴公司員工有下列之行為：

(1) 合夥經營生意或互相標會。

(2) 勾結、舞弊、支付回扣、佣金，如就出售商品金額供貴公司員工抽成等情事。

(3) 饋贈金錢、物品、邀宴、期約賄賂、賒借、供金錢或有價證券等，上列情事無論節慶、新居喬遷、結婚、彌月、生日、喪事、慶典、拜訪、答謝等，婚、喪、喜、慶均不得饋贈，委託他人代行上列情事，亦視同立切結書人之行為。

六、危害負擔：

(1) 商品：立切結書人供售之商品，自應保證其安全性，遇有品質不良情形，依貴公司指示辦理。否則若使顧客或貴公司發生危害損失者，由立切結書人負一切法律責任。

(2) 存貨：立切結書人派駐促銷人員，其存貨若有損失，悉由立切結書人負擔。

(3) 賣場：立切結書人派駐促銷人員，絕對嚴守政府頒佈之各種安全規則，負責隨時檢查商品販賣區內之各項設備(如電插座頭、電爐、切肉機、冰箱、烤箱、電鍋、櫥櫃、瓦斯等)。若發現設備破損或不良時，應通知貴公司修護，以維護安全。如因派駐人員疏忽未知會貴公司，一切民、刑事責任概由立切結書人負責。

七、其他配合事項：

(1) 立切結書人絕不在貴公司內外作場外不法交易。

(2) 立切結書人絕對完全遵照貴公司需要及指定地點接洽，絕不在貴公司營業場所遏留。

八、停止供售：

貴公司認為供售不理想、不適當時，得隨時停止立切結書人之供售權利，立切結書人絕不藉故要求任何保補償或異議。

九、罰則：

(1) 立切結書人對於上列各項切結承諾如有違反任何一條，除補償貴公司及顧客之損失外，另須支付新台幣萬元之違約金，

　　絕無異議。

　(2) 立切結書人支付各項賠償金及違約金，同意貴公司自給付之
　　　貨款內扣或扣抵。

十、本切結書有效日期溯及開始交易日起。

十一、本切結書係立切結書人自由意識為之，由立切結書人簽章後送
　　　貴公司留存依據。

十二、本切結書係對貴公司總分公司之切結。

　　　　　　　　　　　　　　立 切 結 書 人：＿＿＿＿＿＿＿

　　　　　　　　　　　　　　營利事業統一編號：＿＿＿＿＿＿＿

　　　　　　　　　　　　　　負　　責　　人：＿＿＿＿＿＿＿

　　　　　　　　　　　　　　身分證統一編號：＿＿＿＿＿＿＿

　　　　　　　　　　　　　　地　　　　址：＿＿＿＿＿＿＿

中華民國　　　年　　　月　　　日

XXX 年年度合約

為使買賣雙方確認本年度之交易條件及內容，請在同意後簽字、蓋章 (公司章)，並各保存壹份以供查核。

壹、交易條件及內容如下：

一、合約期限：自 XXXX 年 XX 月 XX 日起至 XXXX 年 XX 月 XX 日止壹年整。

二、交貨日期：2 天內送達。

三、付款日期：月結 XX 天。

四、貨品破壞之處理辦法：

1. 經貴公司照會或以電話傳真通知本公司負責取回破損品，以便以物品 (同種類) 交換。

2. 切勿以付款時扣貨款。

五、貨品漲價處理：本公司將在 15 天前具文通知或以電話傳真照會。

六、年度退佣條件：以 XX 年全年營業額 (未含稅) 為 XX 年年佣標準，XX 年營業額 (未含稅) 為新台幣：　　　　元。

七、未達成上列第六條 XX 年營業額 (未含稅) 時，在 XX 年結束經雙方核對無誤後扣 2% 年終佣金，並應開立佣金發票，本公司取得佣金發票後，將在 30 天內付款。

八、特優惠條件：達成第六條條件超出 20% 營業額 (未含稅) 時，全年加發 1% 年終佣金，付佣金條件同第七條。

九、貨品出售：

1. 應以合法價格 (利潤) 供售。

2. 若低於交易價，恕本公司無法供售。

貳、本辦法未盡事宜得經雙方同意加以補增之。

供 應 商：

合約廠商：　　　　股份有限公司

中華民國　　　年　　　月　　　日

設櫃廠商合約書

股份有限公司 (以下簡稱甲方)

立合約書人：

(以下簡稱乙方)

雙方茲就設置專櫃營業同意議定合約條款如左：

第一條：設櫃

(1) 甲方以 XX 商業大樓第　　樓　　號區位由乙方設置專櫃經營本場所定之業種。

(2) 甲方如基於統一管理營運需要，依各專櫃營業績效評核結果或乙方所經營業種更換無法配合甲方需求時，得通知乙方，乙方應無條件同意甲方變更調整櫃位或增減其營業面積及其他改換事宜時，乙方應無條件同意依甲方之要求為之。

第二條：經營期限

(1) 本合約約定期限自民國　　年　　月　　日起至　　年　　月　　日止。

(2) 乙方在合約期間，未經甲方同意，不得擅自轉讓設定權利予第三者或與第三者合作經營及其他損害甲方權益之情事，否則以違約論，甲方並得終止本合約。

(3) 合約期滿，乙方經甲方同意續約，但應於期滿前一個月，由乙方先行提出書面申請，合約期間，乙方如需中途撤櫃，應於四十五日前提出撤櫃申請，經甲方同意後方得撤櫃。

(4) 乙方應接受甲方之監督管理，並遵循甲方所訂之管理規章，除另有規定外，乙方不得於營業時間內停止營業，

否則以違約論。

第三條：營業項目與方針

(1) 乙方之營業項目以 　　　　　　　　為限，甲方認為必要時，乙方商品及定價應送甲方審核及標價，方得陳列出售，其業種不得任意變更，新增之營業項目亦須先以書面正式申請，經甲方同意後方得陳列出售，否則以違約論。

(2) 乙方銷售之商品品質應合乎要求，內容應力求充實，售價應合理公道，並遵守公平交易法、消費者保護法，若因品質不佳或售價高於其他百貨公司及連鎖商店，經檢舉或查證屬實，乙方應無條件辦理退貨、換貨或退還貨款，甲方得處罰乙方該商品價格之拾倍為罰款，並得終止本合約。

(3) 乙方商品之品質、內容、數量，或產品的設計開發無法達到甲方之要求，或乙方因陳列銷售偽造、仿冒、侵害他人之商標、專利著作權等而造成甲方損失，乙方應負完全賠償責任與其他一切法律責任，並得隨時取消其設櫃資格。

(4) 乙方在其他百貨公司及其連鎖店銷售之商品，若有打折特價活動時，在甲方陳列之商品亦應自動降價，否則以本條款第 (2) 款辦法處罰之。

(5) 乙方應接受甲方核可之信用卡、禮券、提貨券及甲方所發行之認同卡、貴賓卡等各類優待卡，優待卡折扣在百分之十以內之優待由乙方負擔，信用卡等有關之手續費由雙方共同負擔，甲方墊付後由乙方之貨款中扣回。

(6) 乙方在甲方陳列銷售之商品，應合乎一切政府法令之規

定，如有違反法令時，其責任概由乙方自行負責，甲方因此而遭受之損失亦得請求乙方賠償之。

(7) 乙方每次銷售商品之貨款一律送交甲方之收銀台點收並開立甲方之發票，不論漏開或短少，如經查獲，第一次罰款銷售商品金額貳拾倍之新臺幣，第二次罰款銷售金額伍拾倍之新臺幣，第三次罰款銷售金額壹佰倍之新臺幣，並通知乙方撤換派駐營業員，如屬乙方負責人指使漏開發票，則無條件撤櫃。

(8) 乙方不得私自收受外幣或外幣票據，否則以違約論，乙方並應自負法律責任。

(9) 顧客要求退貨或換貨時，乙方應按甲方規定辦法辦理。

(10) 乙方出售之商品，應使用甲方標誌之標價牌、手提袋及包裝紙，非經甲方書面同意，不得使用其他包裝材料，前項標價牌及包裝材料由甲方統一設計製作。

第四條：結帳付款

(1) 乙方應繳交經濟部頒發之公司執照及地方政府頒發之營利事業登記證影本各乙份：

(2) 乙方結帳時由甲方按商品價格抽成，為鼓勵主顧客消費以提昇業績，特實施多項促銷措施配合賣商提升業績以因應顧客消費需求，抽成比率隨信用卡、貴賓卡、提貨券之折扣分攤而不同，抽成比率訂定如專櫃廠商資料卡。

(3) 乙方與甲方每張所開給甲方之進貨統一發票，須為乙方本身公司行號之合法正式之統一發票，否則不予收受，並停付該月份之貨款。

(4) 乙方設於甲方之專櫃，每月營業額於次月　　日前由雙

方結算對帳乙次，按營業額計算甲方之抽成收入扣除後，其餘貨款由甲方開具自結算日起　　天期票之支票予乙方，於次　　月　　日領取。

(5) 乙方應付之裝潢補助費，由雙方議定之，乙方應付甲方裝潢補助費共計新台幣　元整，分攤方式依專櫃廠商資料卡。

(6) 當月份結帳貨款，乙方至遲應於次月十日前開立與結帳同月份之發票予甲方以憑結付，若不依限送達時，則延後一個月付款，其所發生遲開發票之罰鍰全數由乙方負擔，並同意甲方逕由貨款扣除。

(7) 甲乙雙方議定每期(陸個月)營業目標如左：第一期(自民國　年　月　日起至　年　月　日止)營業總額為新台幣　元整。處期(自民國　年　月　日起至　年　月　日止)營業總額為新台幣　元整。

(8) 乙方之營業情況應每六個月接受甲方評鑑乙次，業績或評效未達甲方規定者，甲方得調整其專櫃位置或片面終止合約。

(9) 乙方若為餐飲專櫃按月給付甲方：

1. 商場清潔維護費新台幣　　　元整。

2. 飯碗清潔維護費新台幣　　　元整。

3. 收銀機保養費或代購費新台幣　　　元整。並每月依錶給付甲方：1. 瓦斯費，2. 水費，3. 特殊用電費(如電磁爐等)，4. 其他。上列款項均按月由乙方貨款中扣除。

第五條：履約保證金

新櫃設立，不能立即進駐，需作整修或裝潢工程時，甲方得要求乙方付屬約保證金，乙方應以現金或即期支票付新臺幣　　　　萬元整予甲方，作為乙方依約在甲方設立專櫃之保證，若乙方未依約設櫃，此項保證金由甲方沒收。若乙方依約設櫃，該項保證金於正式營業之次月份無息歸還乙方。

第六條：促銷

(1) 甲方為促進銷售舉辦之各項企劃活動，乙方應儘量配合，不得以任何理由推諉拒絕，並分擔費用以求共同之發展，該費用之分擔，甲方應事先通知乙方協商。

(2) 乙方若因自行促銷，所發生之一切海報製作費等，悉由乙方自行負擔，乙方自行促銷之海報、廣告須經審核同意後方可使用。

(3) 甲方代作乙方的特殊陳列及提供展示人形台等費用，悉由乙方負擔。

(4) 上述所發生之費用，甲方逕由貨款扣除。

(5) 乙方不得為不當競爭之行為，甲方如認為乙方之促銷行為有妨害他人營業之虞者，得予以制止，乙方如未即停止，以違約論。

第七條：商品管理

(1) 乙方陳列於甲方專櫃之商品由乙方自行負管理，如換貨概由乙方自行處理，但應經甲方商場主管之同意，並開具放行單由警衛人員查驗後，依甲方規定之出入口進出，違者依甲方商場管理規則予以處分。

(2) 乙方銷售或陳列之商品，不得有仿冒商標或侵害他人代理權、專利權、著作權等情事，並不得陳列銷售政府規定之違禁品，如經查獲，乙方應自負民刑事法律責任，

若乙方有上述違法之事由發生，致使甲方受連帶之責任，甲方得就此連帶之則任，請求乙方賠償滿甲方，並得視情節輕重予以罰鍰或終止本合約。

(3) 乙方在甲方所設專櫃銷售之商品，如經顧客使用後發生不良反應而損害顧客利益，對顧客之身體造成傷害或因而使信譽受損時，乙方應負一切法律及賠償責任。

第八條：人員管理

(1) 乙方要推銷商品時，應派具備該項商品專長、技能之服務人員常駐於乙方之專櫃區，其派駐人員應事先將姓名、簡歷、照片與身分證影本等送交甲方列管，未經甲方同意，乙方不得隨意更換服務人員。

(2) 乙方派駐人員應穿著甲方統一規定之制服，並配戴識別證，並應在甲方餐廳用餐，其費用概由乙方負擔之。

(3) 乙方服務人員應遵守甲方統一管理之各項規定，如有違規行為，除願接受甲方之罰款處分(由當月貨款中扣除)外，重大違規行為經甲方通知後，乙方應即撤換該等人員，倘因此而影響甲方信譽、權益時，乙方應連帶並負全部之賠償責任。

(4) 乙方派駐人員應接受甲方舉辦之各種教育及訓練活動。

第九條：商場管理

(1) 乙方不得在本公司之樓面商場、樓梯間、防火通道等場所做任何佈置、廣告、加裝設備、堆積貨物或放置危資物品。

(2) 乙方對專櫃之商品及裝潢設備應辦理有關保險事宜(火險、盜險)。

(3) 乙方對專櫃內之貴重物品，應自行妥善保管，同時不得

　　　　儲存危險物品。

(4) 乙方對專櫃內之裝潢、電氣及瓦斯等設備，如需變更、整修維護、增設或移動時，應先以書面通知甲方，並檢附裝潢平面圖及施工配電圖等，經取得甲方同意始得施工，其費用概由乙方負擔，正式施工期間，乙方應派員監工，以維護商場安全，並由甲方隨時檢查，完工時由甲方檢查認可後方得營業，日後如因合約終止撤櫃或中途自行撤櫃，抑或違約，經甲方通知撤櫃時，乙方對其自費裝置之部分不得拆除或提出任何補償費之請求，其所有權概屬甲方所有。

(5) 乙方電器、瓦斯設備如有故障或不良反應時，應立即通知甲方處理，並酌收工本費，乙方不得擅自增加電瓦斯設備，否則因此造成損害時，由乙方負責賠償。

(6) 凡屬經營餐飲、小吃而使用瓦斯或特殊用電者 (如電磁爐等) 其費用依錶自行負擔外，不論增加、減少、遷移等工程悉應報請甲方由指定的承包商負責改良，費用概由乙方負擔。

(7) 甲方大樓結構及商場所包含之設備，如因乙方受雇人員及其他經理人等之故意、過失或疏忽，造成甲方或大樓其他設櫃戶蒙受損失者，乙方應負完全之損害賠償責任。

第十條：乙方如有下列情事發生，應即以書面告知甲方：

(1) 公司組織及主要人事變更。

(2) 資本結構發生重大變化。

(3) 公司之地址、電話變更。

(4) 派駐專櫃之代表人或負責人變更，須得甲方方得變更

　　　　之。

第十一條：免責條款

　　　乙方因下列情事發生所受之損害，不得要求甲方賠償：

　　　(1) 因不可歸於甲方之原因發生災害，甲方為維持保全工程之施工，必須暫停營業所致之損害。

　　　(2) 火災、地震、風災、水災、戰爭或勞工糾紛所致之損害。

　　　(3) 乙方不遵守本合約或其他相關規定所發生之損害。

　　　(4) 緊急停電或其他非甲方人員之故意或過失所發生之機械故障造成之損害。

第十二條：違約處理

　　　(1) 乙方如有違反本合約上述各條款之規定者，甲方得終止合約，解除乙方設櫃權利，乙方並應負責賠償甲方一切損失。

　　　(2) 合約期滿未再續約或乙方違反本合約經甲方通知而終止合約時，乙方於接到終止合約通知後三天內負責將商品撤離現場，如故意拖延不履行時，視為拋棄其所存留於專櫃之貨物，任由甲方處理。

　　　(3) 乙方於合約終止日應即清償各項費用，如仍不足者，甲方得按民法第四百四十五條規定行使留置權，並依法追訴。

第十三條：本合約期滿時，乙方有優先設櫃權，乙方如欲續約，應於期滿一個月前，以書面通知甲方，經甲方同意後另訂新約，如新約未能簽訂，乙方應於合約期滿日立即遷出，並將櫃位交還甲方，不得藉故拖延。

第十四條：本合約壹式貳份，甲乙雙方各執壹份為憑。

第十五條：本合約如有糾紛涉訟時，雙方同意第一審管轄法院為高雄
　　　　　地方法院。

第十六條：本合約自雙方使用生效。

第十七條：本合約印花稅由甲乙雙方各自負擔。

　　　　　立合約書人

　　　　　甲方：

　　　　　代表人：

　　　　　地址：

　　　　　電話：

　　　　　乙方：

　　　　　負責人：

　自貼　　地址：

　印花　　電話：

　　　　　國民身分證字號：

　　　　　中華民國　　　　年　　　　月　　　　日

八、開幕活動構想

一、事前宣傳：

    1. 用宣傳車在高雄市各區宣傳。

    2. 各幼稚園與老師宣傳開幕活動，並請老師幫忙發傳單給小孩子家長。

二、購物滿額送：

    當天購物滿 300 元，即送小禮品。

三、你辦卡，我送禮：

    當天辦卡消費達 300 元，再加 90 元，就送價值 250 元禮品。

四、消費達 300 元，即可得到摸彩券。

五、主要活動：(大車小車通通送)

    1. 活動現場發放印有本店標緻的禮品。來店參觀即有當天摸彩券。

    2. 汽球碰碰樂，開幕時從天空灑下 2,000 顆汽球，內有現金、現金卷、兌換券等，將現場氣氛炒熱。($100,000)

    3. 親子競賽：

        扭扭車 => 野戰攀網 => 空中纜車，獲勝者得獎 GIANT 高級腳踏車、其餘贈送本店商品。

    4. 射飛鏢、得娃娃

    5. 當天活動大獎送 march 汽車、150、125、100、50 機車、GIANT 高級腳踏車、電動玩具車、四驅車、模型車為主題，另外加上本店商品 (書籍、玩具)。以摸彩做為開幕活動的 ending。

五、以開幕活動大獎 march 為導引：

    吸引顧客消費拿摸彩券，來參加月底抽獎。

第一特獎喜美雅哥 2000cc 汽車一部，另加上其他獎品。

參考資料

1. 販賣促進 / 鄭麒傑 著 / 中國生產力中心出版

2. 零售實戰讀本 / 出口裕 著 / 何意華譯 / 遠流出版

3. 連鎖店的經營致富寶典 / 出版 / 林正修 著 / 漢湘文化

4. 店面設計 / 馬刺哲、南條惠 著 / 遠流出版社

5. 通路創新革命 / 韓茂誼等 著 / 天下財經

6. 店舖的管理與診斷 / 木地節郎 著，陳宏政 譯 / 書泉出版社

7. 促銷點子王 / 安達昌人 著 / 創意力文化出版

8. 顧問滿意案例精典 / 川勝久 著 林寄雯 譯 / 中國生產力出版

9. 財務報表的分析及用途 /White, Sondhi, Fried 著 / 臺灣西書出版社

10. 人事管理 /Cary Dessler 著，李茂興 譯 / 曉園出版

11. 流程管理 / 王賦瑞 著 / 華泰出版

12. 賣場規劃與管理 / 謝致慧 著 / 五南出版

13. 新流通、連鎖店成功戰略 /1995/ 李孟熹

14. 連鎖店實務操作管理 /2002/ 李孟熹

15. 企業資訊系統 / 侯永昌等 著

16. 現代商場策劃與設計 / 陳建平 著

17. 高獲利商店經營必備圖表 / 杜曉

18. 連鎖店經營管理 / 林正修、陳啟仁、顧玉升 著 / 滄海書局 /2007

19. 現代零售管理 / 林正修、王明元 著 / 華泰書局 /1995

20. 流通系統 / 簡正、蔡惠華 著 / 高立圖書 /2005

21. 現代商業管理 /Levy Weitz 著 王弘、卓為知譯 / 麥格羅希爾公司 /2002

22. 現代零售管理新論 / 胡政源 著 / 新文京開發出版有限公司 /2002

國家圖書館出版品預行編目資料

零售業管理／林正修、王明元、王全
斌著.--初版.--臺北市：五南，2009.10
面；　公分
ISBN 978-957-11-5791-7（平裝）
1. 零售商　2. 商店管理
498.2　　　　　　　　98017093

1FR5

零售業管理

作　　者 － 林正修、王明元、王全斌

發 行 人 － 楊榮川

總 編 輯 － 王翠華

主　　編 － 張毓芬

責任編輯 － 侯家嵐

封面設計 － 盧盈良

出 版 者 － 五南圖書出版股份有限公司

地　　址：106台北市大安區和平東路二段339號4樓

電　　話：(02)2705-5066　傳　　真：(02)2706-6100

網　　址：http://www.wunan.com.tw

電子郵件：wunan@wunan.com.tw

劃撥帳號：01068953

戶　　名：五南圖書出版股份有限公司

法律顧問　林勝安律師事務所　林勝安律師

出版日期　2009年10月初版一刷
　　　　　2015年 8 月初版三刷

定　　價　新臺幣500元